U0397840

传奇发明史

——从火的使用到长生不死

La Fabuleuse histoire des inventions

[法] 德尼·古特莱本
—— 著 ——
秦宵
—— 译 ——

华东师范大学出版社
上海

图书在版编目（CIP）数据

传奇发明史：从火的使用到长生不死 /（法）德尼·古特莱本著；秦宵译. —上海：华东师范大学出版社，2021

（三棱镜译丛）

ISBN 978-7-5760-1502-7

Ⅰ. ①传… Ⅱ. ①德… ②秦… Ⅲ. ①创造发明—技术史—世界—普及读物 Ⅳ. ①N091-49

中国版本图书馆CIP数据核字（2021）第131189号

Originally published in France as
La fabuleuse histoire des inventions: De la maîtrise du feu à l'immortalité by Denis GUTHLEBEN

传奇发明史

——从火的使用到长生不死

著　　者　［法］德尼·古特莱本
译　　者　秦　宵
策划编辑　王　焰
责任编辑　唐　铭　朱华华
责任校对　时润民
装帧设计　刘怡霖

出版发行　华东师范大学出版社
社　　址　上海市中山北路3663号　邮编 200062
网　　址　www.ecnupress.com.cn
电　　话　021－60821666　行政传真 021－62572105
客服电话　021－62865537　门市（邮购）电话 021－62869887
地　　址　上海市中山北路3663号华东师范大学校内先锋路口
网　　店　http：//hdsdcbs.tmall.com/

印 刷 者　上海锦佳印刷有限公司
开　　本　890×1240　32开
印　　张　11.125
字　　数　203千字
版　　次　2021年9月第1版
印　　次　2021年9月第1次
书　　号　ISBN 978－7－5760－1502－7
定　　价　58.00元

出 版 人　王　焰

（如发现本版图书有印订质量问题，请寄回本社客服中心调换或电话021–62865537联系）

目 录

前　言

“一切创造都是从无到有。”1670年，让·拉辛（Jean Racine）在《贝蕾尼斯》（*Bérénice*）的献辞中这样写道。毫无疑问，剧作家思考的是悲剧的创作：他希望“简单的情节”便可激发出一部宏大的作品。这一透辟的见解，理应推而广之到文学以外的领域：从本质上来讲，“发明”是设计出一个此前并不存在的新装置。正是这一点从根本上区分了科学以及其他领域当中的“发明”和“发现”，因为“发现”的着眼点在于对未知的揭示：对于物理学家或化学家来说，是一条未知的定律；对于生物学家来说，是一个未知的过程；对于探险家来说，是一块未知的土地。

发现和发明这两个概念迥然不同，但在本质上隐秘相通：它们的关系虽然密切，却并非如想象般显而易见、自然而然。发现常常先于发明：没有爱因斯坦的广义相对论，就没有相对论修正以及六十年后的卫星定位。这是因为，从发现到发明的时间间隔可能会很长（对于今日仍数量众多的高频创新的拥趸而言，这可不是什么好事)。但有时候情况却恰恰相反:蒸汽机于1687年问世,但它的运行原理直到1824年才由尼古拉·莱昂纳尔·萨迪·卡诺(Nicolas Léonard Sadi Carnot)提出。还有些时候,不属于上述任何一种情况:发明源自以服务同代人为唯一愿望的智慧头脑,不先于也不来自任何科学发现——正是怀着这种愿望,吉约坦(Guillotin)教授贡献了断头台这一法国大革命中最著名的创造之一。

这部"传奇史"的一大任务,便是力图追溯镌刻在人类历史中的每一项伟大发明的沿革路径。因为每一项装置之间并无触发因素或普遍规律可言,其独特的发明历程既揭示了彼时彼刻的需求,也显示出这一创作活动惊心动魄的过程和曲折。当然,我们并不一定总能找到支持论据,对于远古时代的发明而言尤为如此:最初的火是不是从自然界大火中提取而来为人所用?是否因为观察到石头从斜坡上滚落而发明了轮子?让我们的祖先得以在猎捕时与猛兽保持一定距离的投枪器的设想又从何而来?研究者们常常需要先提出假设,随后待到考古或历史资料允许时,再通过细致的研究来证实或证伪先前的假设。这方面的一个突出例证,就是对人类最古老工具诞生年代的断定:此前估计的发明时间大约在260万年前,但2015年在非洲的一项发现,让这一时间又提早了70万年!

当然,断定相对晚近发明的年代没有这么困难,并且随着时间的推移，其年代会逐渐明确：漏壶出现在公元前14世纪上半叶，机械钟表大约于1300年问世，1608年望远镜发明，1783年6月4日热气球升空，2006年3月21日22点50分第一条推文发出……不过，这并不意味着漏壶的起源就比推特的起源更难探寻，或者漏壶这一发明的意义就会显得更加神秘。相反，一些古老文献比后来的资料汪洋更能提供确切的信息。例如，气泵的发明曾在英国引发罗伯特·玻意耳（Robert Boyle）和托马斯·霍布斯（Thomas Hobbes）之间的精彩论战。关于此事的记载，让我们对17世纪中叶这项发明的背景知之甚多；而相比之下，马克·扎克伯格（Mark Zuckerberg）及其忠实信徒一直坚持对脸书的诞生进行理想化描述，导致我们在谈到这一2004年的发明时反而没有十足把握。

最古老的工具、火、投枪器、轮子、漏壶、钟表、望远镜、气泵、蒸汽机、热气球、断头台、全球定位系统、脸书、推特等等，所有这些发明都理应拥有确切记载，以便盖棺定论或重获新生！发明史之所以传奇，是因为在它的每一面上几乎都有一大串成功故事。但是，每一个流芳百世的装置背后，又有多少装置被黯然遗忘，甚或年复一年依旧无人问津？从无到有的过程中，许多努力都无疾而终。正因如此，我们更应怀着谦卑，开启这场人类精神的伟大历险。一切都始于三百多万年前肯尼亚某湖的西岸……

第一章　史前时代

史前时代距今甚远！在神话和宗教叙事之外构想地球和人类，至少到19世纪都依然属于异端。在西方，《圣经》从未受过丝毫争议：创世第六日，即约公元前4000年，“神就照着自己的形像造人”。胆敢对此提出异议的人要当心了：身处启蒙全盛时代的布丰（Buffon）对此深有体会，而他当时也只是非常保守地将地球年龄估计为74 832岁。

然而，在地理和考古发现的冲击下，这座宏伟大厦的外墙逐渐产生了裂隙。雅克·布歇·德彼尔特（Jacques Boucher de Perthes）尚属谨慎，于1849年提出了“远古人类”（l'« homme antédiluvien »）的构想。不过，他的作品在十年后才开始引发讨论。那时发现了尼安德特人（l'Homme de Néandertal）化石，又恰逢查尔斯·达尔文（Charles Darwin）发表《物种起源》（*Origine des espèces*）这一最先被英国人禁止扩展适用于人类的理论。几年后，又在多尔多涅（Dordogne）的克罗马农（Cro-Magnon）洞内有了重大发现……

从这一阶段到认识到这些最早的人(以及随后发现的更古老物种)是拥有智慧和情感的生物,这一步跨越让科学颇费了一番周折。对此,业余考古学家马塞利诺·桑斯·德桑图奥拉(Marcelino Sanz de Sautuola)深有体会。1880年,他第一个宣称西班牙阿尔塔米拉洞窟(la grotte d'Altamira)内的瑰丽岩画系出自这些史前人类之手,却遭到学界的一致批评……不再使用"晚期智人"(*Homo sapiens sapiens*,"知道自己知道的人")这一术语进行自我指称是正确的,因为我们自身的错误和偏见与这一称号极不相符!

史前时代仍在继续教导我们学会谦卑。本书如果早出版仅仅几年,可能就会以"260万年前:人类最早的工具"作为开篇。然而,近期的一项发现却将这一发明的问世时间又提早了70万年。火、衣服、珠宝、绘画以及这一时代的众多伟大发明告诉我们,史前时代远未向我们吐露它的全部秘密……

330万年前

人类最早的工具

长久以来，最早的工具都被认为是260万年前的人属（le genre *Homo*）所制。但近期的一项发现却否定了这一认识……

一直到不久以前，发现于埃塞俄比亚、距今已260万年的切割石制工具都还是最古老的工具。这些鹅卵石边缘锐利，经人为砸碎处理，被认为出自人属，更确切地说是能人（*homo habilis*）之手。作为双足物种，能人的生活时代与以工具制造闻名的原始遗址存在的时代相同，他们也是人类最古老的祖先之一……这一假设即便并非不容置疑，也至少可靠可信，因而长久以来一直为科学界所承认。但人们却忘了，史前时代鲜有绝对且确切的定论。

2015年4月，适逢古人类学年会在旧金山举行。借此机会，法国国家科学研究中心（CNRS）、法国国立预防性考古研究所（Institut national de recherches archéologiques préventives）以及普瓦捷大学（Université de Poitiers）的研究者们于次月在著名杂志《自然》上发表了一篇万众期待的文章，宣布了一项惊人发现。他们不久前在考古学家索尼娅·阿尔芒（Sonia Harmand）的带领下，在肯尼亚图尔卡纳湖（le lac Turkana）西岸发现了距今330万年的工具。这让工具的问世时间又提早了近70万年。

这些又重又大的工具通常由整块熔岩石制成。如果想要获得碎块，待切石料、石锤和石砧缺一不可：一只手将石料固定于石砧上，另一只手持石锤朝石料猛砸下去，石料便会产生锐利的碎块。这些碎块很可能用来切分动物死尸或猎物。但使用者是谁呢？对于这些比人类自己都要古老的工具而言，这可是个棘手而令人费解的问题。已经圈定了一些候选人：首先便是生存时代在距今600万至250万年前的南方古猿（les australopithèques），在埃塞俄比亚以及肯尼亚内罗毕附近都发现过这一时期南方古猿的化石。还有"肯尼亚平脸人"（le « kenyanthrope platyops »）：1999年，一块独特的、面部较为扁平的头骨化石让这一物种为人所知。而发现这块化石的地方，就在图尔卡纳湖的西岸！

研究者们的工作还在继续，目前尚无定论。索尼娅·阿尔芒在其重大发现后曾多次幽默表示，理想情况是"发现手持石头的人科化石"。说不定某处史前遗址会在某天为我们献上这份大礼呢？

另见

火的使用（40万年前）
摆杆步犁（公元前5000年）

（图1-1 肯尼亚洛姆奎3号遗址[le site Lomekwi 3]考古发掘时出土的一种工具）

40万年前
火的使用

据估计，火的发明时间在40至100万年前之间。这一问题至今仍不断燃起考古学家们的兴趣。

火的“发明”——这么说或许显得奇怪，毕竟火是古已有之的自然现象……不过，这一术语指的是人类得以掌控并利用火的那个特定时间。而要确定这一时间却极为困难。在菲尼斯代尔省（Finistère）普卢伊内克（Plouhinec）的梅内·德勒冈（Menez Dregan）遗址以及尼斯（Nice）的特拉·阿马塔（Terra Amata）地层发现了40万年前的地炉，这提供了无可辩驳的证据：小坑陷和卵石板的存在，完全证实了人类对火的有意识使用。那么在此之前呢？如何解释在世界各地发现的烧焦的遗骸、种子、骨头、木头和其他东西：是自然界大火的结果还是刻意用火的结果？

2004年，以色列研究者们在《科学》杂志上发表了一篇论文，详述了在盖谢尔·贝诺特·雅各布（Gesher Benot Ya'aqov）遗址发现的79万年前的用火迹象。在分析了成千上万个样本后，研究者们发现，只有其中很少一部分在目标地点显示出焚烧痕迹，因而排除了自然大火的假设。不久前的2012年，一个国际小组宣布，在位于南非的奇迹洞（Wonderwerk Cave）沉积层内获得类似发现。他们甚至采用先进的显微光谱技术，测量出雨水和风无法搬运至此的100万年前的骨头和遗骸碎片。但是，和其他发现一样，这些假设仍存在极大争议：科学界一场真正的“火战”一触即发。至于这些地炉究竟是被人为利用并得到持续养护，还是被自然界的大火点燃，人们更是争论不休！

这是因为，使用火并非仅作为人类取暖、饮食或技术进步的一个环节，它还是社交生活建立的标志。正如伟大的史前史学家亨利·德兰莱（Henry de Lumley）1999年12月13日在法兰西道德与政治科学院（Académie des sciences morales et politiques）的发言所述：“尼斯特拉·阿马塔的猎人们带着猎捕到的犀牛或大象归来。夜晚，他们围坐火旁时会做些什么呢？当然会互相讲述打猎故事。随着时间的推移，被杀死的犀牛愈发强壮、愈发庞大、愈发可怕，而征服犀牛的狩猎者则愈发出色：他成了一位英雄，成了某一文化群体、某种文明的祖先和古老见证者。”显然，发明日新月异，而人类本身却几无变化……

另见

灯（公元前35000年）

19万年前

衣服

衣服早已成为我们的第二层皮肤，但这一古老发明的出现时间却极难确定。

提到史前时代的衣服，我们眼前会浮现出这样一幅画面：最早的人周身包裹着兽皮，以此抵御最后一次冰期的极寒……而这并不完全是臆想！有专家认为，人类在80万年前走出非洲、到达欧洲等气候更加严酷之地后，就可能已经有了衣服。不过，研究远古衣服的困难在于难以获取原始资料。这些衣服的构成材质会迅速朽坏，保存下来的样本也少之又少——即使在离我们更近的中世纪等时期也是如此。那么，如何才能准确断定这一“发明”的年代呢？

对其他考古遗物、骸骨和加工工具的分析给出了有力线索。在最远古时期的动物（马和野牛）骨骼上发现了一些创痕，这表明它们的皮毛曾被剥取。不过，这些痕迹并未透露此类衣服的形式。智人（*Homo sapiens*）后来使用的更精密工具，倒是至少在衣服的制成工艺及剪裁方面给出了更清晰的概念：2016年，在西伯利亚的丹尼索瓦洞窟（la grotte de Denisova）中，发现了一支45 000年前由鸟骨制成的长7.6厘米的带眼骨针……这是迄今为止发现的最古老样本，或许还有比这更久远的样本有待发现！

一些研究者甚至通过研究人类身上寄生虫的遗传基因，获得了关于衣服出现时间的信息。例如，2010年发表在《分子生物学与进化》（*Molecular Biology and Evolution*）杂志上的一篇文章就指出，衣虱这一门类（有别于头虱门类）的出现证明了人类穿衣的历史有83 000年，甚至超过17万年！更晚近时代（从旧石器时代晚期到新石器时代）衣服的发掘出土，呈现了史前男性或女性服饰的真容，但在时间和空间方面所提供的信息却极为有限。服装史学家们一致认为，衣物自出现到14世纪最初几十年间，其原型几乎没有变化：通常宽大且长，并有褶裥。

最后，人们在衣服功能这一问题上也有了某种共识。虽然衣服最初始、最首要的功能是抵御恶劣天气，但它在社会地位、个人形象甚至魅力等方面的象征作用也很快得到了体现。它还用于遮羞，与之相连的取悦他人的欲望也一并延续至今……

另见

喷雾衣服（未来）

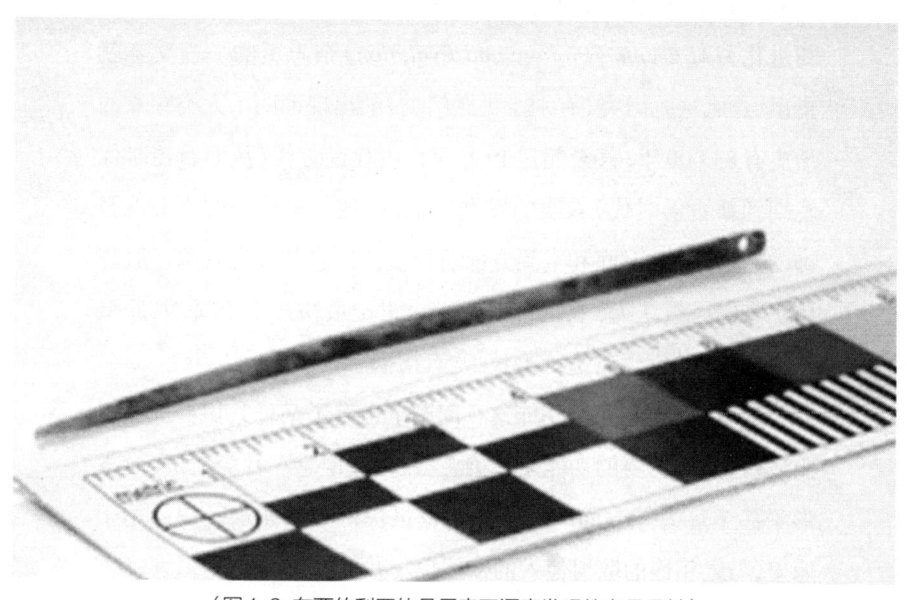

（图 1–2 在西伯利亚的丹尼索瓦洞窟发现的鸟骨骨针）

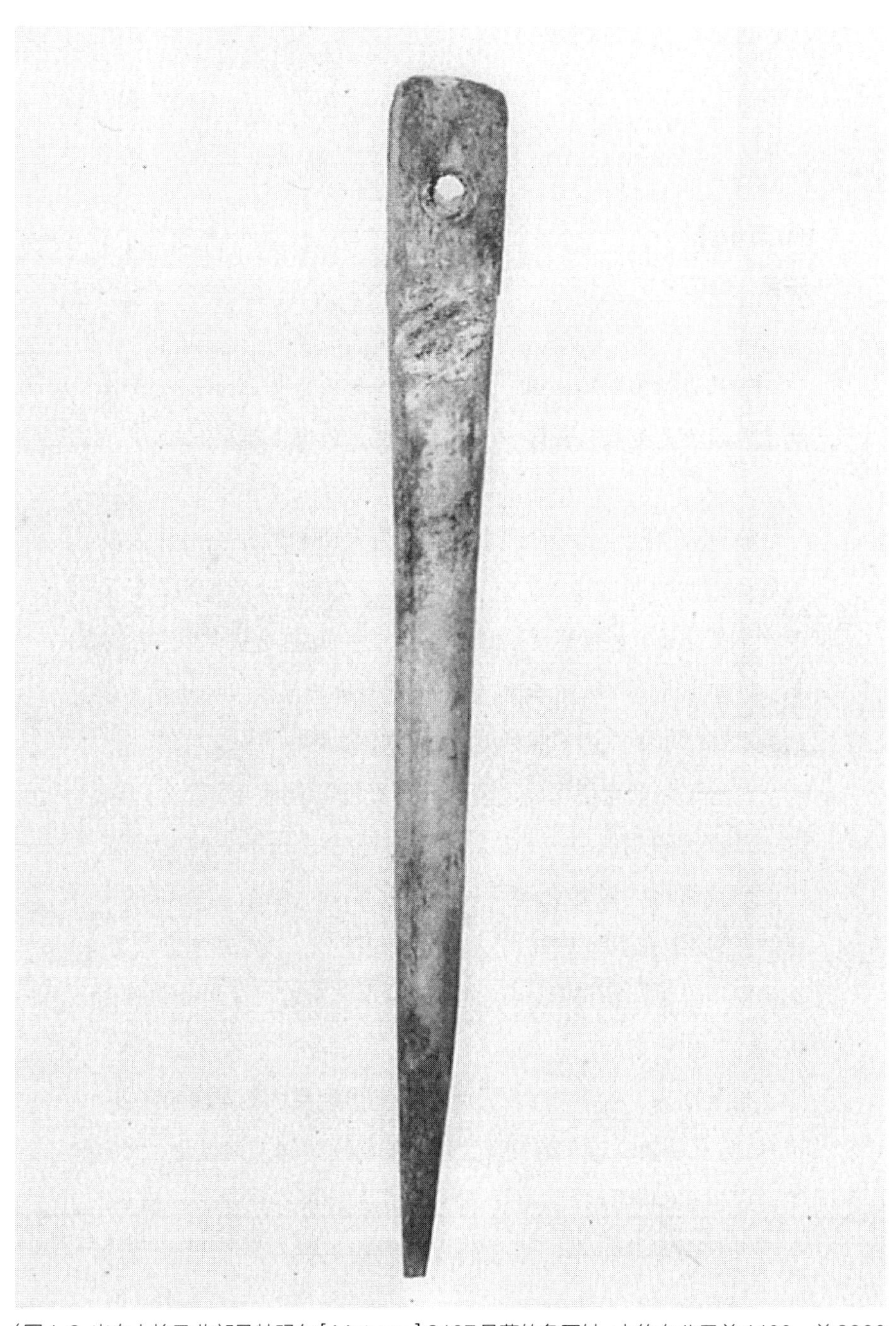

（图1-3 出自上埃及北部马特玛尔［Matmar］3107号墓的象牙针，大约在公元前4400—前3800年间制成）

10万年前

珠宝

如果说钻石从玛丽莲·梦露那里开始成为女士的挚友，那么珠宝自古便是智人的良伴……对于任何性别而言都是如此！

软体动物考古学是一门相对不为人所知的研究海洋及陆地软体动物的考古科学。它与珠宝这一美妙绝伦的发明有何关系？乍看之下，毫无关系。但是，二者之间却有着极其隐秘的联系：通过分析这些软体动物，能够确定身体饰品的发明年代。最初的首饰样本便是由不同种类的贝壳制作而成。

这些饰品的使用可以追溯至旧石器时代中期的最后几千年。这一认识大约成形于三十多年前，尤其得益于法国史前史学家、贝壳研究领域的先驱伊薇特·塔博兰（Yvette Taborin）所作的大量清点、鉴定和阐释工作。这些贝壳内虽空无一物，却饱含意义。它的使用表明，流行佩戴贝壳的远古社会已经赋予了贝壳强烈而多元的象征意义。

长久以来，人们一直认为此类珠宝出现在大约40 000年前。不过，近几年接二连三的发现让珠宝的出现时间大大提前。2004年，法国国家科学研究中心的研究者们和南非的同事们一道，对来自开普敦和伊丽莎白港之间海岸线附近的布隆伯斯洞窟（la grotte de Blombos）的41个小贝壳进行了分析：它们已有75 000年历史。接着，在摩洛哥东部塔福拉尔特（Taforalt）的鸽子洞窟（la grotte des Pigeons）内发现了穿孔海贝，这表明贝壳在更早的82 000年前便得到使用。最后，2006年在以色列迦密山（le Mont Carmel）斯虎尔（Es Skhul）考古遗址内的一项发现，又一次将珠宝的起源时间前推，甚至可能在135 000年前！

每一次发现的都是集中成组的首饰，这意味着它们的创造者"乐于"拾集材料并找到某种串连方法。后来，旧石器时代晚期的大量资料显示，大约在近15 000年前，出现了改变原材料外观的所谓"发明首饰"。在这一时期，史前艺术已经有了质的飞跃。

约5 000年前，金铜冶炼和加工技术的兴起加速了珠宝的历史进程。古代因而见证了技术的多样化发展及其所催生的金银器制造业的出现，以及融合了贵重金属和稀有珠宝的真正的艺术品制作工业的诞生。不过，面对这些穿孔贝壳，我们不得不承认，最早的人类同样已经是出色的艺术家……

另见

金属（公元前4000年）

（图 1-4 布隆伯斯洞窟的大致方位）

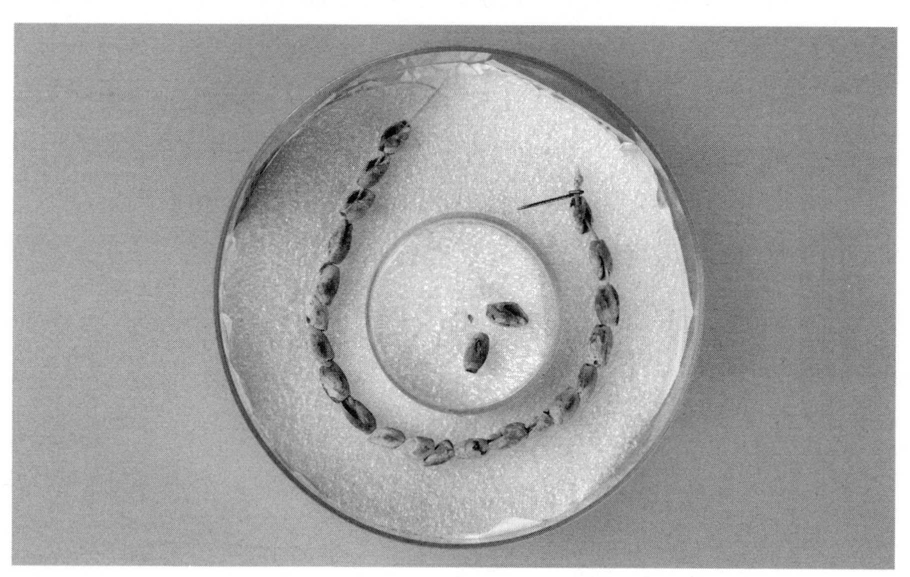

（图 1-5 出自上埃及北部马特玛尔 3100 号墓的贝壳串）

公元前40000年

绘画

公元前40000年至公元前35000年间，我们的祖先便已开始用最早的壁画装点自己居住的洞窟……

“绘画起源于史前时代”的说法曾在19世纪末引发争论。1880年，业余考古学家马塞利诺·桑斯·德桑图奥拉在桑坦德（Santander）附近的阿尔塔米拉洞窟内发现了遍布在岩壁上的画作，随即率先提出这一假设。但是，他的论点立刻遭到科学界的反对，因为人们无法想象最早的人类业已具有如此这般的艺术天赋！以加布里埃尔·德莫尔蒂耶（Gabriel de Mortillet）为首的一些法国学者反应最为激烈：他们认为，这一本业为法学家的西班牙外行研究的这些画作，必然属于更为晚近的时代。1888年，曾被指伪造了这些壁画的桑斯·德桑图奥拉去世，他早已受尽嘲笑，名誉扫地……

1901年，佩里戈尔（Périgord）附近丰德高姆洞窟（la grotte de Font-de-Gaume）绘画的发现，是德桑图奥拉得以平反昭雪的开始。法国伟大的史前史学家亨利·步日耶（Henri Breuil）认为，这一发现确实是轰动“史前史学界的一声巨响”。桑斯·德桑图奥拉的一些激烈反对者也因此当众谢罪：1902年，埃米尔·卡尔塔雅克（Émile Cartailhac）在《人类学》（*L'Anthropologie*）杂志上发表了一篇文章，只看它的名字便能想到内容——《西班牙阿尔塔米拉洞窟：一个怀疑论者的悔过书》(*La grotte d'Altamira, Espagne.* Mea culpa *d'un sceptique.*)。随着后续探索发现和全新的年代断定方法都站在了业余考古学家德桑图奥拉的这一边，这场争论也终于尘埃落定。

绘画艺术确实诞生于旧石器时代晚期的洞窟内，而装点了这些洞窟的壁画作为绘画艺术最古老的表现形式，估计出现在公元前40000年。这些壁画以木炭和赭石为颜料，用黑红色调着重表现了最早的艺术家们接触到的动物。那些阳型或阴型手印①，也似乎穿越时空，传递出友善的信号。史学家克洛迪娜·科昂(Claudine Cohen)认为，这些手印让我们看到了“往来于洞窟幽暗过道内的男男女女”，“证实了面对险恶自然的人类存在，以及面对沉默和无声的言说意志”。

自此，科学界一致认为绘画起源于史前时代。不过，新的发现却对绘画的起源地提出了质疑：古老的欧洲(特别是法国西南部和西班牙北部)曾一度被视作绘画的理想诞生地。然而，在印度尼西亚苏拉威西岛(l'île de Sulawesi)也发现了同时代甚至更早的画作。看来史前绘画仍在持续引发讨论……

---

① 阳型手印(les mains positives)：将涂有染料的手掌按在洞壁上形成的手印；阴型手印(les mains négatives)：将手掌按在洞壁上，用染料喷涂手掌周围后形成的手印。——译注

另见

灯（公元前35000年）

（图1-6　非洲岩画，长约2.1米，位于今利比亚沙漠地带，表现了一头鳄鱼，一些研究者认为该岩画完成于约11 000年前，且证明了当时该地区存在着大型水体）

（图1-7　非洲岩画，位于今纳米比亚布兰德山[Brandberg Mountains]的某处峭壁上，有研究者认为画面表现了右侧的三位男性采集狩猎者正在祈求左侧的神性长颈鹿造雨）

公元前35000年

灯

最早的灯出现在约公元前35000年，它在史前洞窟深处照亮了人类远祖的生活……

奥瑞纳文化时期（la période de l'Aurignacien）的种种迹象表明，人类在旧石器时代晚期伊始便制作出了最初的手持便携式照明装置。炉火虽然除了照明还能供暖并烹熟食物，但它却是静态的；而火把和灯的使用，则为探索地下空间提供了更多可能。

首先使用的应该是火把。它更易制作，能够照亮各个方向，包括地面——这对如何迈步下脚极为有用，因为在地下，多走的每一步都可能是最后一步！不过，火把的使用寿命非常有限，而且人们无法在需要解放双手时（特别是在通过一些困难路段时）将火把放下。还没算上它那极难保存、非常脆弱的遗留物——这些丝毫未被古人放在心上的东西，却成了现在的研究者们真正的阐释难题……

公元前35000年，最早的灯弥补了这些不足。首先，它们呈平板或槽状，带有自然或手凿凹陷，时常配有柄，这使它们更能够穿越千年保存下来——虽然有时不易分辨照明用平板装置和炉火旁找到的普通板状物……考古学家们对此深有体会！更重要的是，这些装置内涂抹了动物油脂，并带有可随烧随续的植物灯芯，为使用者提供了更稳定的光源。只用一个简单动作便可恢复行动自由，灯给了人们何等宝贵的能力！

活动自如的双手，再加上一点审美头脑，便能成就美丽和伟大：在拉斯科（Lascaux）洞窟正厅顶部的大黑牛图（la grande vache noire）下方发现了三盏灯，在绘有一头野牛和一个人的井底画（le Puits）脚下，发现了一个燃灯器具……总之，这些灯具的发明与壮观的壁画艺术作品的创作紧密相连。虽然我们早就猜到史前人类不可能在黑暗中作画，但在大多数壁画洞窟常见地区（首先便是法国西南部从吉伦特省到东比利牛斯省一带，那里的壁画洞窟数量巨大），对过往遗迹的发现和研究还是像一束光，照亮了我们祖先的生活，也给我们带来了新知和感动……

另见

火的使用（40万年前）

绘画（公元前40000年）

公元前25000年
陶瓷

作为人类掌握的第一门“火的艺术”，陶瓷制作是一项永不过时的技艺，在精细度、美感和技术方面一路登峰造极。

“陶瓷”涵盖了以黏土为原料、经过数小时高温烧制而成的所有形式的物品。在旧石器时代晚期，即公元前40000年至公元前10000年间，智人便开始制作此类物品，但那时的作品体积相对较小：动物小雕像、女性小塑像以及著名的维纳斯雕像。其中，目前发现的最古老样品已有25 000至30 000年历史。

陶瓷器皿，即壶、罐等“餐具”的发明是在更久以后，约在公元前20000年出现在世界不同地方：近东、远东、非洲、东欧以及更晚之后的南美。通常作为家用的陶瓷器皿，其发展与人类的定居密不可分。它们极适用于收集和贮存采集活动的收获，也可用来烹熟食物。

制作时采用泥条盘筑造型技法：将搓成长条的泥料盘筑起来，构成想要的器型。陶瓷成型法大约在公元前4000年的新石器时代末期突飞猛进，那时近东和中国先后发明了陶轮这一对于制造规则器皿极为有用的工具。此外，陶轮还在陶瓷及其技术和艺术创新史上具有独特重要性。汉朝（公元前206年至公元220年）

时制作的瓷器便是明证：那是以高岭土为原料在超过1 000摄氏度的高温下煅烧而成的精美陶瓷！

最早的密闭窑炉也在新石器时代末期建造。它们提高了陶瓷的质量，因为能够提供更高、更均匀的烧制温度。又过了几个世纪，在公元前3000年至公元前1000年的青铜时代，第一次出现了带有装饰的陶瓷器物：烧制前，用不同手法将有色或无色釉（浆状黏土）施挂于器物表面……陶瓷还是最古老的建筑材料之一，因为砖也是由土焙烧而成！

从远古时代开始，陶瓷的成功就从未终止。如今，位于科学和工业交叉点上的陶瓷，又出现在超导、机械、磁性、生态等特殊性能新材料的开发之中。显然，陶瓷及其创新故事仍未完待续……

另见

砖（公元前10000年）

（图 1-8 中国马家窑文化半山类型陶罐）

（图 1-9 绘有人形、有蹄类动物和船只的埃及陶罐）

公元前18000年
投枪器

对于我们的祖先而言，投枪器不仅能将投掷物多推进几米，而且能让他们的生命再延长几年。

如今，除了世界上极少数的部落外，狩猎已成为一项对于猎物而言尤其危险的活动……越来越多物种的消失以及我们对濒危物种的大力保护，都充分证明了这一点。但情况并非一向如此。在过去很长一段时间内，人类狩猎者与被猎捕动物之间的斗争仍处于比较平衡的状态，时而前者占上风，时而后者占上风：不妨设想一下，我们只有一把标枪，而几米开外则是数百公斤重的原牛、野牛或熊……不到最后一刻，绝对难分胜负！

因此，人类在20 000多年前有了这样一种想法：让自己和要成为自己盘中餐的猛兽保持更远的距离。于是，他们制造出了一种巧妙的装置：一根由天然木材或鹿角制成的棍子，一端装有钩子或挡托用来固定投掷物的底部，另一端则为持握装置。投枪器由此诞生。1860年代，在多尔多涅首次发现了投枪器样本。此后，在同一地区以及西欧各地发现了更多其他通常没有持握装置的样本。有一些甚至带有精美装饰。1940年，在阿列日省（Ariège）的马达济尔（Mas d'Azil）发现了一个带有“鸟鹿”形象、已有14 000年历史的投枪器。它见证了马格德林文化时期人类的艺术造诣。

不过,除了需要从外观上惊艳到一同打猎的伙伴外,投枪器还尤其需要具有实用性。在这方面,所有专家们一致肯定了这一装置的效用:一支标枪如果用手投出,至少可达5米远,大力士和身手敏捷者最多则可投出两倍远的距离,并赋予标枪足够的穿透力;而如果使用投枪器,只要投掷物足够柔韧结实,不致在投掷时折断,结果则可能到20米或30米远。可以想见,我们的祖先一定尝试了好多次才找到完美平衡。这当然只是远了几米而已……不过,当对面是一只不到最后一刻绝不善罢甘休的巨兽,这几米的差别可就大了!同时,投枪器还便于埋伏和奇袭体型较小、较为灵敏的动物,因为它们通常会在捕猎者靠近前就溜之大吉。总之,这是一个非常有益的发明,只是对于猎物来说并非如此……

另见

投石机(公元前399年)

公元前10000年
篮子

篮子对人类活动发展产生过巨大影响。但如何确定这一具有生物可降解性发明的具体出现时间呢?

除非出现奇迹,否则我们可能永远无法确切了解第一只篮子的发明地点和时间。原因在于:这一由植物材料制成、大概要追溯到史前时期的发明,除了在气候十分特殊的埃及法尤姆(Fayoum)绿洲等地区外,几乎没有留下什么考古线索。对篮子的艺术表现也只是到古代才出现,先是在近东和埃及,后又在希腊和罗马——总之,远远晚于篮子出现的时间。相关的书面记载则是更晚近的事情了,看来人类是在实践篮筐编织技艺许久之后才感到有必要将它记录下来!

篮子是造价低廉的普通日用品,但在克洛德·列维-斯特劳斯(Claude Lévi-Strauss)眼中,它却属于“与家庭一样的文化象征”一类的手工作品。和同一时期的砖的发明一样,约公元前10000年,篮子的诞生实际上标志着人类获得了以较低成本掌控触手可及材料的能力:除极少数个例之外,任何一个地方的篮筐编织匠都能找到易于编织的植物……这样的特质也是这项“与驾驭植物有关的手艺活儿”(列维-斯特劳斯语)万古流芳的保障。

直到今天，人们依然在用同样的编织手法制作篮筐。工业化和标准化生产并未让这项技艺彻底消亡。

篮子不仅是一种日常用品，更是作为尚存于世的见证者之一，亲历了整个人类活动的发展。它曾陪伴昔日的狩猎采集者，而今继续为生活在偏远地区的人们所用。作为最早期农民的宝贵辅助工具，篮子很可能早在陶器之前便被用于贮存并运输多余的谷物和粮食。最早的商贩在开张之时，只需沿用这项千年发明，便可往来于各地之间交易商品。而在艺术家们手中，篮子这一实用物品也变身为无数原创发明，并在三千纪伊始的今天继续蓬勃发展。

另见

陶瓷（公元前25000年）

公元前10000年
砖

砖易于制作、便于使用。最早的砖大约出现在12 000年前，是人类非凡智慧的标志。

自公元前9500年开始，人类在数千年间已对砖（根据其由生坯还是煅烧后经成型模塑而成）进行了无数次完善。砖的原始制作方法非常简易：生砖坯由黏土、水和秸秆、大麻或木屑等植物碎屑混合而成——考古学家甚至发现，在有些情况下也会加入动物毛发。下一步操作也同样简单：搅拌至膏体状后，用手将其塑造成想要的形状，在阳光下放置约两周，待其晾干……大功告成！

准确地说，这一发明的成功主要得益于它操作简便：原材料几乎唾手可得，数量充足，不存在采掘、运输和贮存的问题。在制作工艺方面，也仅需基础训练和技术：人人都能学会并将其传授给身边的人。这一工艺首次出现在地中海附近近东地区的阿斯瓦德（Aswad）、杰里科（Jéricho）和内提夫·哈格杜德（Netiv Hagdud）等遗址，并迅速扩展至内陆地区，以及底格里斯河和幼发拉底河盆地。在其中一些遗址，人们甚至独立发明了砖的制作工艺，一些不同阶段的残片也证明了这一点。此外，不同地区的工艺会有自己的个性化色彩，即使有时两地仅有几千米之隔：

杰里科的砖以“雪茄状”著称，而位于杰里科北部仅一百多公里、因著名考古学家让·佩罗（Jean Perrot）而为人所知的蒙哈塔（Munhata）遗址的砖，则以其“饼状”闻名。看来人们早在那时便“萝卜白菜，各有所爱”了……

为了赋予砖最初的形状，需要用手进行塑造，因此在砖身留下了动人的指纹印迹。后来，人们逐渐开始借助模子，因为它能够统一生产并提高产量。作为人类定居生活关键阶段的见证者，这最早的砖也并非完美无缺。使用者们很快便会发现，这些砖即便在极佳气候条件下也会迅速损坏，而在异常气候条件下则会损坏得更快：降雨量大时，砖原本的隔绝力和耐力等性能会荡然无存。大约在公元前3500年，烧制砖才解决了这个问题。不过，正如仅把原料扔入火中不足以产生玻璃，在砖的烧制过程中，仍然需要宝贵的创造力。

另见

陶瓷（公元前25000年）

（图1-10 约公元前6世纪—前4世纪，带有彩色图案的釉面砖块，曾是波斯阿契美尼德[Achaemenid]王朝的苏萨[Susa]古城墙面装饰的一部分）

（图1-11 约公元前9世纪，亚述砖块）

公元前8000年
小船

公元前8000年左右，人类制造出第一支船，由此开启了波澜壮阔的航海史，而航海更孕育了众多全新的发明。

人类是如何发明出第一支船的呢？或许是在紧抱一根树干涉水过河的时候。而这也是为了避免重蹈著名南方古猿露西(Lucy)的覆辙：一些研究者认为，她很可能溺亡于一条远古河流的河床之上，因为伊夫·科庞(Yves Coppens)团队曾在那里发现了她的化石。虽说观察自然、区分不同物体的浮力意味着人类进化史迈入了全新阶段，但由此并不能得出人类在航海领域表现出了创造意愿这一结论。

事实上，船的历史起源于宏图大志对机会主义的胜利。于是，树干被凿开、捆扎成木筏，并用长带增加稳定性。这一切发生在什么时候？大约10 000年前。但学界对这一起源时间尚未达成共识，因为近期的发现再次引发了人们的思考。长久以来，人们一直认为最初的水上工具独木舟出现在欧洲中石器时代(约公元前10000年至公元前5000年)：可追溯至公元前八千纪上半叶的荷兰“庇斯独木舟”(la « pirogue de Pesse »)，至今仍被视为世界上最古老的船。但是，1980年代在今尼日利亚发现的“杜夫那独木舟”(le « canoë de Dufuna »),以及对其进行的一系列测试,又为非洲在掌握水路出行方面更加超前这一假设增加了几分合理性。诚然,这一叶小舟的制造年代比庇斯独木舟要晚,但它却见证着一种惟有日积月累方能习得的技艺。

此外,一些地区虽然缺少数量充足或品质优良的木源,却也“入围”了这场寻根问源的探讨,这使得考古学家们的工作难度大大增加。首位航海者很可能是用一束束芦苇或纸莎草等其他植物来建造自己的船只。这一方法不仅流行于旧大陆(最先在埃及),也出现在新大陆:至今,横跨玻利维亚和秘鲁两国的的的喀喀湖(le lac Titicaca)湖畔的居民,仍在使用当地芦苇“托托拉”(totora)建造船只……无论是过去还是现在,这一方法都十分有效,因为这些植物不仅可以建造船体本身,还能织成席,用作帆。而帆这一重大发明大概诞生于公元前四千纪的埃及。正因为有了它,用一种续航距离更长的装置代替短桨和船桨才成为可能。

另见

经线仪(1735年)
声呐(1915年)

公元前6000年

镜子

从黑曜岩的初次使用，到最新的尖端产品，镜子反映了几千年来重大的科技进步。

魔镜魔镜告诉我，你到底从哪里来？人类首次在水中发现自己倒影的确切日期已无据可考。不过，一旦这种凝视开始借助某种特定设备来实现，这一问题便有了线索：公元前6000年，安纳托利亚（Anatolie）的居民使用的是火山玻璃岩黑曜岩的碎片；3 000年后，在美索不达米亚平原发现了抛光铜的使用痕迹；又过了1 000年，中国的齐家文化用铜锡合金制造出了第一面青铜镜；而埃及在其最强盛的第十八王朝，即阿蒙霍特普（Amenhotep）、哈特谢普苏特（Hatchepsout）、图坦卡蒙（Toutankhamon）等图特摩斯（Thoutmosis）家族的法老在位时期，使用的则是铜银合金。

从那时起，镜子便开始涉足美学以外更广泛的领域。它带来了光学领域第一项科学发现：镜子反射的像是相反的，右手在镜中变为左手——这一现象虽人尽皆知，却很难为科学家所解释。镜子同时成就了神话：只需想想纳喀索斯（Narcisse），或者珀尔修斯（Persée）与美杜莎（Méduse）之战，想想英雄珀尔修斯是如何利用镜面反射的像征服了可怕的蛇发女妖。此外，镜子既能作为军事武器（如阿基米德的取火镜），也能作为政治武器：苏维托尼乌斯（Suétone）在《罗马十二帝王传》（*Vies des douzes Césars*）中写到，罗马皇帝图密善（Domitien）在自己散步的长廊的墙壁上铺满月光石，以便根据这种反射力极强的白云母类矿物所反射的像抓住可疑的刺客……但这都是徒劳，他最终还是在办公之地被人刺杀。

关于镜子这一主题，哲人们可没少进行论述。阿普列尤斯（Apulée）在其《辩护辞》（*Apologie*）中写道：苏格拉底“这一最有智慧的人，甚至也要借助镜子来培养美德”。塞内加（Sénèque）告诉我们，端详镜中的自己不仅有助于改善体貌，更能助人更好地认识自己，从而提升道德层次。不过，彼时镜子的映像远不及我们现在每天在浴室镜中所见之像的纯度。要达到今天的高度，还需要感谢推动了科技进步的前人：中世纪末威尼斯穆拉诺（Murano）的玻璃制造者们，17世纪发明浇注技术的法国工匠们，以及1835年通过在玻璃背后镀一层薄薄的银而发明了近代镜子的德国化学家尤斯图斯·冯·李比希（Justus von Liebig）。

另见

金属（公元前4000年）

（图 1-12 1910 年代发掘自中埃及梅尔[Meir]的哈皮安赫蒂菲墓[tomb of Hapiankhtifi]的镜子，大约在公元前 1981—前 1802 年间制成）

公元前5000年
摆杆步犁

摆杆步犁出现在约公元前5000年。这一发明是人类社群发展的关键一环。

摆杆步犁出现在7 000年前的美索不达米亚。这是一种耕作农具，配有木铧，也偶见石铧、骨铧甚至角铧。渐渐地，摆杆步犁的使用范围先后扩展至整个近东地区和地中海一带，随后又传播至北欧：在丹麦发现了公元前3000年的耕作痕迹。

这项发明需要诸多先决条件。首先当然是农业的出现：农业历史悠久，至第一架摆杆步犁制成之时，已有数千年历史。作为农业的发端，新石器革命见证了狩猎采集部落在自己的种植园附近定居。园内最初种植野生和本地植物，而后开始种植小麦和大麦等驯化作物。顺便明确一下：这一过程虽有“革命”之名，实则为一场漫长的转变。澳大利亚考古学家维尔·戈登·柴尔德（Vere Gordon Childe）1923年之所以用“革命”的概念命名这一过程，是因为他痴迷于卡尔·马克思的作品以及此前刚刚发生的俄国革命！后来，这一琅琅上口的表达被广泛使用，即便它本身带有意识形态的烙印……

此外，这一发明还需要驯化新的体格强大、吃苦耐劳、驯良顺从的动物，以便能够牵引摆杆步犁。作为人类最初驯服的物种，山羊、野猪都不大可能担此重任，猫更不可能。然而，牛却能完美胜任。第一架摆杆步犁出现的时间，正是人类驯服温顺的牛科动物之时，这绝非巧合。人类终于不用孤军奋战了！

摆杆步犁在泥土中耕出槽沟，从而为播种做好准备。它们虽仍显简陋，却能带来锹和镐五倍的收益。这也就是说，要么一块田地可以过去五倍的速度达到可播种状态，要么作物面积可达过去的五倍（这才是关键）。接下来的一切便可想而知：作物越多，产量就越多，由此形成剩余食物，人类社群的分化便成为可能。种植者从此养活了手工艺者、战士、牧师，当然还有全身心致力于完成使命的发明者。紧接着，出现了最初的城镇。很快，贸易开始萌芽于城镇之间，并在轮子等其他发明的推动下迅速发展……一场伟大历险就此开启，永不停歇。

另见

轮子（公元前3500年）

收割机（1831年）

公元前4000年

金属

6 000多年前，横跨欧亚大陆的最早的冶金者一手为人类铸就了全新的命运。

红铜时代、青铜时代、铁器时代……在人类历史上，使用金属至关重要，因而几大时代均得名于此。但是，要厘清冶金术的时间线，需要首先统一一下对“使用”一词的理解。若论人类与金属的初次接触，那是在很久以前：大约40 000年前，约那省（Yonne）的尼安德特人就着迷于黄铁矿，还将其带回了他们在屈尔河畔阿尔西地区（Arcy-sur Cure）的洞窟中。不过，他们显然未发现这些黄铁矿除美学之外的效用，也未发现其除观赏之外的功能。

然而，说到人类开始加工金属的时间，那就近多了：10 000年前，收集而来的铜块被直接置于地上，随后进行冷锤打，以便制成类似珍珠一样的装饰用小件物品。考古发现表明，这一方法为今土耳其地区的恰约尼（Çayönü）等遗址所采用，随后被应用于另一种更罕见稀有、更富于魅力且至今让人为之疯狂的材料：金。因其不变质、可锻造的特性，金很快便被限于专作炫耀之用。

直到公元前五千纪末，随着冶金术这门金属热加工技术的诞生，才出现了真正的转折。冶金术的诞生，标志着人类发现了金属的两大特性：可熔性（金属在足够的高温之下，会由固态变为液态）和成型性（金属在冷却和凝固后保持模具形状的能力）。冶金术加工的首个对象是金红色的铜，因而有了“红铜时代”，或称“铜石并用时代”（Chalcolithique）——来自于“铜”的希腊文单词*khalkos*。铜的开采也是更晚近的事：保加利亚的布纳尔（Aï Bunar）铜矿和塞尔维亚的鲁德纳·格拉瓦（Rudna Glava）铜矿是公认最古老的铜矿。铜制品的灵感来自于此前用石头、木头或动物角制成的匕首、小扁斧或饰品。但是，不同用途的铜制品的坚固性也受到了严峻考验……直到发现强度更高的第一种合金：青铜。

在红铜中加入约10%的锡，便获得了青铜。尚不知最初的冶金者如何冶炼出这一金属并由此开启了约4 000年前的青铜时代。是美丽的操作失误？还是有意的实验尝试？未来的考古学家或许能够解答这一过往的谜团。

另见

货币（公元前600年）
蒸汽机车（1804年）
带刺铁丝网（1874年）

公元前3500年
轮子

5 500年前轮子的发明，是人类历史上的里程碑事件之一……前提是它为人所用！

目前，研究者们一致认为，人类在公元前3500年发明了轮子。不过，从1974年开始，专家们却在轮子发源地这一问题上有了分歧：在那之前，因为在乌鲁克（Uruk）女神伊南娜（Inanna）的神殿中发现了双轮战车的苏美尔象形文字，美索不达米亚一直是首选之地。后来，东欧的加入扰乱了这一格局：在波兰布洛诺西（Bronocice）发现了属于同一时期的罐子残片，上面画有一辆四轮车子。这让原本确定的事情又变得扑朔迷离……

关于这项发明的起源，也同样有一些疑问。当然，大自然中有太多圆形意象足以激发敏锐观察者的灵感：只需看看石头或水果从斜坡上滚落，或者，更诗意一些，对着一轮满月凝视神游，然后突然顿悟！考古学家甚至推断，轮子的灵感来自运输重物的圆木。这也有道理……不过，目前尚不知这一运输方法到底是先于还是后于轮子的发明。又是先有鸡还是先有蛋的永恒问题……

后来便有了多以木头制成的实心轮，围绕其正中位置的轴心转动——最终，轴成为与轮子本身同样重要的发明。又过了很久，大约在公元前2000年，为使轮子更加轻盈，人们开始制造空心轮。第一个辐条轮由此出现，此后被埃及人用来装备自己的第一辆战车。看来，人类在战争方面总有无穷无尽的智慧。

轮子的发明是我们共同历史的真正转折点，但许多地方的人们至今仍与这项发明无缘。与其将之视为落后和愚昧的表现，不如仔细观察一下他们的生活条件。例如，和普遍的想法相反，前哥伦布时期美洲各文明对轮子非常熟悉，考古学家发现的玩具便是明证。不过，在没有诸如牛、马等足够强壮的动物能够拉车的情况下，轮子除游戏用途之外，又能如何为人所用呢？北非的一些文化也是如此，它们曾经并且至今依靠单峰驼：虽然地中海一带早已接触到轮子，但人们很快发现，在穿越广阔的干旱地区时，他们声名远扬的“沙漠之舟”更有效率，而轮子只会不可避免地陷入沙中！

另见

滑轮（公元前900年）
公路（公元前312年）

（图1-13 约公元前750—前600年，塞浦路斯战车轮）

第二章　古代

一般认为，文字的出现标志着史前时代的结束。已知最古老的文字是苏美尔石板上的象形及楔形文字，可追溯至公元前四千纪中叶。我们的祖先常常这样在不经意间方便史学家的工作，提供诸多可被史学家用于勾勒人类宏伟历程的资料。只是，万不能对它们进行生硬阐释，或者机械地拿它们与其他线索对照比较……否则就可能会得出“是普罗米修斯把火送给了苦难的人类”这一结论！

这一时期孕育了数学、几何学、天文学和物理学等众多科学。米歇尔·布莱（Michel Blay）不久前出版的《科学史批评》（*Critique de l'histoire des sciences*）中称之为“论证序次”（l'ordre démonstratif）的全新思维方式也诞生于古代初期。至少从形式上来看，我们今天仍承袭了这一构建自欧几里德（Euclide）《几何原本》（*Eléments*）的思维方式。无论是否与上述具有科学性质的早期探索相关，这一时代的发明都至关重要。

这一判断适用于大多数领域：在时间的掌握方面，发明了日历、日晷和漏壶；在生活环境改善方面，则以下水道和水道桥为代表——与根深蒂固的观念相反，它们并非诞生于永恒之城罗马；在自然灾害治理方面，中国发明了第一台地动仪。随着中国的频频亮相，我们也将会看到，古代的发明史远非仅局限于希腊罗马世界。

然而，在地中海周边一带，祖先们不仅为我们留下了今天仍在日常生活中使用的以滑轮、算盘和指南针为原型的宝贵工具，自古典时期以来，希腊的先人们还深刻思考了工具的效用及其对个人成长和人类生活的影响。除了技术本身的应用，他们的哲学追问更是让我们受益良多……

公元前3200年

墨

通常认为古中国发明了墨。但事实上，墨诞生于5 200年前的尼罗河岸。

最古老的黑墨诞生于公元前四千纪末的埃及，由炭黑和阿拉伯树胶汁液混合而成。这两种成分在阳光下干燥后，会变成一个个坚硬的小圆片，用时只需在水中溶解或使用湿润的毛笔蘸取即可。下一个千纪伊始，其他颜色的墨也随之出现。例如，若要获得红色，就用赭石或由硫化汞组成的矿物朱砂代替炭黑。这些原料早在几千年前便被用来绘制史前洞窟的壁画。

公元前三千纪的中国也采用类似的方法制墨——汉字“墨”再现了“黑”与“土”的象征，而红色也同样来自朱砂。那么，著名的“中国墨”又从何而来呢？它出现在更加晚近的公元3世纪，由被称为“烟炱”的碳质残渣制成，而这些残渣则通过燃烧富含碳的油或用于产漆的树脂等物质获得。在这些沉淀物中加入米浆或树胶溶液捣练揉捏，直至形成墨丸或墨锭，在水中溶解即可使用。总之，这种以卓越品质著称的墨，其制作方法借鉴了此前已有的同种制墨工艺。

一直以来，研究者们都认为中世纪大大革新了制墨技术。虽然维特鲁威(Vitruve)和老普林尼(Pline l'Ancien)分别早在公元前1世纪和一百多年后就描写过碳化工艺,但最早的金属墨很可能出现在罗马帝国衰落以后。添加了铁或铅的墨也确实能够更好地附着在羊皮纸页上。然而,最近一项对在赫库兰尼姆(Herculanum,公元79年维苏威火山爆发时被摧毁的一座城市)帕皮里别墅(la villa de Papirii)发现的莎草纸碎片的分析,却颠覆了此前的认识:2016年,美国《国家科学院院刊》(*PNAS*)上的一篇文章指出,法国和比利时研究者们借助X射线成像技术进行的分析显示,这些文件上的墨中被有意识地加入了铅。这对史学家来说也是幸事,他们可以从容地复原被燃烧到面目全非的文字,而不必冒着损坏珍贵文献的危险打开这些书卷。因维苏威火山爆发而遇难的老普林尼,怎么会想到要记载这项新技术呢!

另见

印刷术(1454年)
圆珠笔(1938年)

（图2-1 1920年代发掘自古埃及中王国孟菲斯[Memphite]古城利什特北[Lisht North]983号墓坑的墨碟，大约在公元前1802—前1640年间制成）

公元前3000年
下水道

印度河流域某一辉煌灿烂但不为人所知的文明建成大规模城市卫生设施的时间，比罗马至少早二十个世纪。

人们总本能地认为是古罗马人建造了第一条下水道，因为他们凭借卓越的治水才能，为“大都会”贡献了一个个杰出的作品——此等功劳当然不容抹煞。不过，考古学家们在印度河流域发现了更加古老的水利设施，而它们很有可能属于摩亨佐-达罗(Monhenjo-Daro)城。

这一遗址位于今巴基斯坦境内卡拉奇以北300公里处。矛盾的是，摩亨佐-达罗既引人瞩目又鲜为人知：在其极盛时期，即约公元前三千纪中叶，这座城市甚至能够容纳超过40 000名居民，是青铜时代规模最大的城市。一些研究者甚至认为目前只发现了这座城市的其中一部分。照此计算，它所容纳的居民数量高达100 000名！如果能够揭开这座城市的所有秘密，那么，与之同时期的著名的美索不达米亚文明和埃及文明也将获得宝贵的研究资料。

但障碍就在于，摩亨佐-达罗城一直被重重迷雾围绕。在这一动荡地区，1921年便开始的发掘工作只能分散、零星地进行。

时至今日，仍未发现宫殿、庙宇、墓穴等建筑物，因而不足以对此地近5 000年前的社会建构作出进一步假设。这座城公元前1900年左右的陨落也同样是个谜：是印度河特大洪水造成的吗？是致命侵略后的结果？还是逐渐没落？说到底，这座城市的名字就是一个谜团："摩亨佐-达罗"这一今名，在巴基斯坦东南部目前通用的信德语中，意为"死丘"，颇为凄凉。

然而，毫无疑问的是，摩亨佐-达罗人规划的非凡下水道系统，至少领先罗马马克西姆下水道（Cloaca Maxima）二十个世纪。它四通八达，既连接公共建筑——如卫城和在城市生活中履行某种关键仪式作用的大浴池，也沟通带有洗手间的民宅。但是，彼时被人们用精湛技艺降服的水，如今正进行着报复：现在，这一缺乏照管的遗址不仅受到人类自身的威胁（几乎可想而知！），而且也面临着洪水泛滥的危险。此外，含盐的潜水层也正在腐蚀着它的地基。遗憾的是，要想拯救摩亨佐-达罗于深水之中、遗忘之渊，时间紧迫，经费短缺……

另见

公路（公元前312年）

（图2-2 苏格兰人罗伯特·麦克弗森[Robert Macpherson]摄于1858年的照片记录了彼时马克西姆下水道的一个口子）

公元前3000年

日历

如今，人人都有日历，在日历上查看日、月、季、年也是再平常不过的事。但拥有今天这一切，谈何容易！

日历的历史大概起源于5 000年前的美索不达米亚。又或者是埃及？很难对这一关于时间先后的争议下定论，尤其是因为，双方虽同样受到了空中最大光源之一的启发，但最终的产物却不尽相同：底格里斯河和幼发拉底河流域更偏好阴历，而尼罗河流域则接受了阳历。

我们知道，阴历依据对月亮的观察定历，而月亮的盈亏周期大约为29天。古人发现，月亮的平均朔望周期更为明显，在29天6小时和29天20小时之间——这一周期如今被固定为29天12小时44分钟2.9秒。他们还将一年定为十二个月，其中六个月为每月29天，六个月为每月30天，即总共354天。但这一运行良好的机制有一处缺陷：与太阳年相差几乎11天。而太阳年对根据季节把握农时至关重要。

说到太阳，古埃及人根据太阳的运行轨迹，确定了12个月、每月30天即共计360天的历法，又在其中额外加入了分别为奥西里斯（Osiris）、荷鲁斯（Horus）、塞特（Seth）、伊西斯（Isis）和奈芙蒂斯（Nephtys）而设的5天。这365天的起点是天狼星（Sothis，即Sirius）偕日升起的那一天。这一现象颇具象征意义，因为尼罗河水几乎恰是从这天开始泛滥。这种历法已经几乎与太阳年没有出入。不过，和365.24天的太阳年相比，差距依然存在，并且会逐年累积：每60年相差15天，每1 460年就会相差整整一年！这一问题一直到公元前238年才得到解决。托勒密三世（Ptolémée III）颁布的卡诺普斯法令（le décret de Canope）规定，每过4年再额外加入一天。这便是闰年的发明。

但日历的历史至此还远未结束。由于古罗马人采用的是阴历与阳历并用的历法体系，到了共和国末期，历法情况已十分混乱。于是，凯撒决定重新定历。为了让时间恢复正常，公元前46年开始推行“儒略”新历（le nouveau calendrier « julien »）。需要在这一年中多加90天，因此这一年共有455天！独裁官凯撒被刺身亡后，马克-安东尼（Marc-Antoine）为了纪念他，便用凯撒的名字“尤利乌斯”（Julius）命名了一个有31天的月份。随后，不甘落后的奥古斯都（Auguste）以自己的名字命名了同样拥有31天的八月（Augustus），真是少一天都不行！记录时间流逝的日历，还曾一度沦为十足的政治工具……

另见

日晷（公元前1500年）

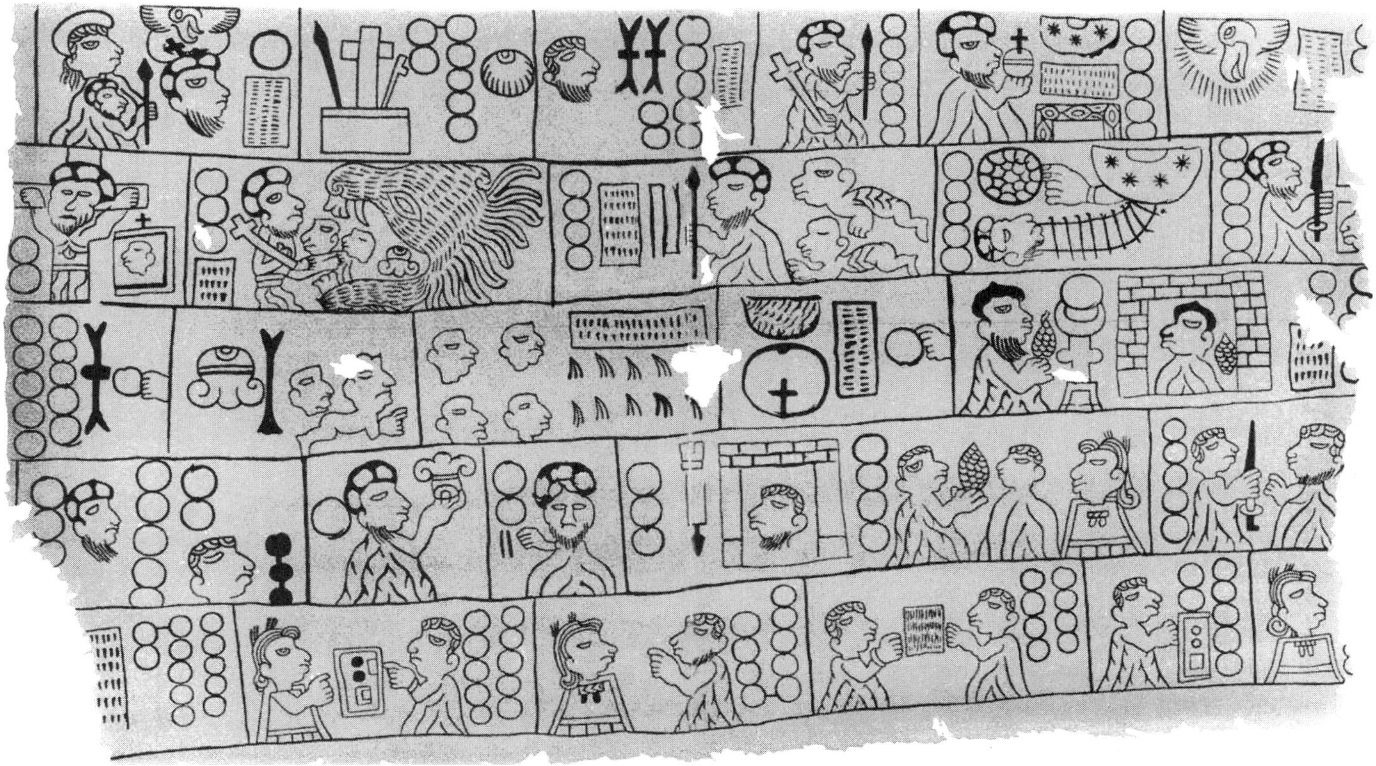

（图2-3 古代日历一种）

公元前3000年

风筝

风筝这一“重于空气”的飞行器，大概在近5 000年前诞生于中国。它开启了人类征服天空的漫长历史。

“所以，人们把自己的人生、观念和梦想……做成风筝”，罗曼·加里（Romain Gary）显然不是第一个发现了这一点的人。早在他的小说《风筝》（*Les cerfs-volants*）发表以前，大概从公元前三千纪开始，这项美好的发明便开始翱翔在中国的天空之上。大部分专家均认为，中国是最早发明风筝的国家。一些文献、大量艺术品以及西方旅行者后来撰写的志录均证实了这一点：马可·波罗（Marco Polo）曾亲见中国人精湛的风筝制作技艺和对风筝的迷恋，并对此赞叹不已。

可以说，如此看来，风筝自诞生时起便更多地作为一项打发时间的有趣消遣而存在：它曾经拥有文化和宗教层面的特质，今天依然如此；它不仅向人们展现出生机和希望（罗曼·加里笔下的人物安布鲁瓦兹·弗勒里［Ambroise Fleury］可不是凭空捏造的），还欢庆丰收、驱散邪灵。风筝还有更加通俗的用法：充当保护庄稼的稻草人，有时还会作为军用辅助设备。文献记载了不少这方面的轶事，比如西汉开国功臣、名将韩信曾在公元前2世纪以风筝为武器击溃了敌军……不过这个故事很有争议!

但放风筝也并非一直是一项和平的活动。对于在公元6世纪接触到这项发明的日本人来说，一直有“六角风筝”(« Rokkakus »)大战的传统。规则很简单：所有人一起放飞风筝，空中最后剩下的就是赢家！其间，允许在空中使用各种手段将对手的风筝摧毁、击落，甚至用自己悉心覆盖在风筝上的碎玻璃割断对手的风筝线……在离我们更近的第二次世界大战期间，同盟国和轴心国(日本显然更有优势)的空军都曾用风筝筑起拦截线，预防空袭。这些被铁索系住的庞然大物，似乎让人彻底忘了第一支风筝是由竹和丝绸制成的！幸亏这并未持续多久：无论如何，风筝仍是自由的象征。用罗曼·加里的话说，它注定要“沉浸在对蓝天的追寻之中”。

另见

热气球(1783年)

飞机(1890年)

公元前2000年
肥皂

用科学来解释皂化反应不过是两个世纪以前的事，而肥皂的历史却始于四千年前的美索不达米亚。

关于肥皂的起源，并不缺乏书面记载和考古线索——幸亏如此，否则这一发明很可能会被讹传为出自高卢人之手。老普林尼甚至在其极富盛名的《博物志》(*Histoire naturelle*)中佐证了这一论点，他在提到淋巴结核的推荐疗法时说：除了用醋煮熟的山羊粪和狐狸睾丸以外(原文即如此！)，“人们还使用高卢人发明的肥皂将头发变成金色”。确实，对罗马附近这群躁动不安的人们来说，使用动物油脂和碱性灰的混合物确实给他们的头发带来了重大影响。

但实际上，关于肥皂制造的最早线索更加久远，且指向别处：大约4 000年前，美索不达米亚的居民便开始制造一种用动物脂肪和碳酸钾混合而成的糊剂。由于反应过于强烈，这种混合物不建议用于日常洗化，而是用于洗衣。在不久之后的公元前1000年左右，叙利亚阿勒颇的工匠们开始制造一种日后让这一叙利亚小城声名鹊起的硬皂：由橄榄油、植物苏打和月桂浆果油制成的阿勒颇皂。这款肥皂也因此一举成名，万古流芳。

在这方面，另一座城市也名声在外，那就是马赛。研究发现，当地自中世纪起就开始进行针对本地消费的季节性生产，并在15世纪首次实现了出口，在17世纪末还制定了一项法令来规范这一行业。该法令特别规定，在肥皂的生产过程中，唯一的油脂成分只能是橄榄油，“违者没收全部商品”。大革命前夕，马赛已有六十多个工厂，产量估计可达数万吨！在一个多世纪以后的第一次世界大战前，产量甚至达到了近20万吨的纪录，随后在与新型合成产品的竞争之中逐渐开始走下坡路。

与此同时，欧仁·谢弗勒尔（Eugène Chevreul）解开了肥皂制造之谜。这位伟大的化学家经过长期分析，在1823年发表的《动物脂肪的化学研究》（*Recherche chimique sur les corps gras d'origines animales*）一文中解释了“皂化”反应。就这样，这门延续数千年的手艺的科学解释终于姗姗来迟……

另见

蒸馏器（约700年）

漂白剂（1788年）

公元前1500年
日晷

发明于公元前1500年左右的日晷,曾在近三千年间用极不均等的时长丈量我们的每一天……

人们通常认为,对时间流逝的焦虑是我们这一时代特有的现象。如今,节约时间的新奇办法层出不穷,让人眼花缭乱……而它们最终却浪费了我们的时间！实际上,即便不直接说这一焦虑可追溯至古代,也可以说它古已有之：经证实,中国和美索不达米亚从公元前三千纪起,便开始使用晷针(le *gnomon*)。将这根小棍垂直放置,能够观察其影子的长度。它随后传播到希腊等其他地方。按照希罗多德(Hérodote)的说法,“古希腊人沿用了古巴比伦人的晷针和半球形日晷(le *polos*),以及一天的十二分区”。当然,使用这一方法估计出的时间只是一个粗略的数字……但那时真的需要准确性吗?

显然需要。正因如此,埃及人才在公元前两千纪中叶改良了这一装置,日晷由此诞生。最初的日晷仍然简陋,但很快得到了改进,一批宏伟的美学杰作也得以诞生。仅地中海一带的考古和金石研究就发现了大量公用和自用日晷的踪迹。值得一提的是雅典的风塔(la Tour des Vents)。这座建于公元前2世纪或公元前1世纪的八角形建筑保存完好，坐落于古罗马广场之上。塔身八边每边均配有日晷，这是为了让市民一直可以看到太阳的轨迹，从而随时得知时间！同样，在公元前10年的罗马，奥古斯都从赫利奥波利斯城（Héliopolis）运回了一块方尖碑，并将之作为战神广场上巨大日晷"奥古斯都时钟"（l'*Horologium Augusti*）的晷针。今日，这块方尖碑依然伫立在永恒之城的蒙特奇特利欧广场（piazza di Montecitorio），与意大利众议院相对而望。

美观和宏伟业已实现，那么准确性呢？由于一年的时长不断变动，时间的准确性也随之变化：白昼越长，十二分区的每一个部分也就越长，反之亦然。总之，在古代，一小时后的一场见面在夏天会发生在如今的八十分钟之后，而在冬天则会发生在如今的四十分钟之后！那时，几乎全年都在使用这些所谓的临时时长。只有在春分和秋分时测定的用于天文学研究的时间，才有一天十二小时的十二分之一（即如今的六十分钟）的精确时长。一直到中世纪末，这些所谓的二分日时长才随着第一块机械钟表的发明得到规范，继而应用到日常生活中去……

另见

漏壶（公元前1500年）

钟表（1300年）

（图2-4 来自上埃及底比斯古城的“影子钟”，大约在公元前306—前30年间制成）

（图2–5 来自德意志纽伦堡地区的便携式联体日晷，大约在1598年制成）

公元前1500年
漏壶

在埃及人3 500多年前发明的漏壶内，水和时间以相同的动向一同流逝……

时间的流逝并非一直仅仅是一个意象——以龙萨（Ronsard）为代表的一代代智士、艺术家、作家和诗人，常常为了在佳人韶华逝去前俘获其芳心而将这一意象一用再用。有了漏壶，时间确确实实在“流”逝。迄今为止最古老的漏壶，发现于卡尔纳克（Karnak）阿蒙神庙（le temple d’Amon）内，可追溯至公元前14世纪上半叶阿蒙霍特普三世法老统治时期。这只漏壶现藏于开罗博物馆，它也为这一发明的年代断定工作提供了极佳线索。一些书面材料还将漏壶的发明时间提早了近200年，定为公元前1600年左右。

当时的装置还相对简陋，由一个带刻度的容器构成，容器底部的开口让水得以漏出，从而测出经过的时间及时间间隔。漏壶这一广为使用的今名，来源于希腊文*klepsydra*，由动词“*klepsein*”（即“偷窃”）和代表“水”的*húdôr*或*hydôr*组成：漏壶偷走了其中盛装的水，但它作为今日计时器的远祖，同时显示经过的时间。不过，它的指示真的可靠吗？

古人很快发现,第一代漏壶的漏水量并不恒定,原因在于水压:漏水速度随容器内水量的减少而变缓……刻度递减等最初的应对方法部分解决了这一难题,但不成系统。一直到公元前3世纪,这一问题才迎刃而解。亚历山大港的克特西比乌斯(Ctésibios d'Alexandrie)发明出了一个由三个容器组成的装置:泉水注入第一个容器,随后流入第二个更小的容器;第二个容器中,一套由浮子和阀门构成的装置能够调节漏水量,从而使水位保持恒定;最后,中间这一容器内的水匀速流入作为测量工具的最后一个容器中。克特西比乌斯的水钟是一项伟大发明,它让人们能够掌握时间,但却无法战胜时间。因为"想想吧,时间可是个贪婪的赌徒,每赌必赢,从不作弊",波德莱尔(Baudelaire)在《恶之花》(*Les Fleurs du mal*)中早已写道,"请记住!深渊总是焦渴,漏壶正在空虚"。

另见

日晷(公元前1500年)

钟表(1300年)

（图2-6 漏壶）

公元前1000年

算板

人们通常认为，今天仍能见到的中国算盘是一项远古发明。其实，还有其他比它更古老的工具……

用大脑进行心算或用指头计算：最古老的计算工具当然要从人类自己身上寻找。不过，当身体达到了可用极限，工具便应运而生。纵览全球，世界上最古老的数字处理方法使用的是石子，这甚至还在词汇中留下了印记："计算"(« calcul »)一词，来源于拉丁文*calculus*，意即"石子"。最初，不同大小的石子似乎代表着不同数值。后来，为便于计算，人们想到要把它们置于一个平滑的表面，由此诞生了算板(abaque)——这个词来源于希腊文*abax*，既指计算用的桌子，也指游戏板或游戏桌。

最大的困难在于准确断定这一发明的诞生日期。除了仅有的蛛丝马迹之外，最古老的巴比伦、埃及、印度以及中国和希腊的文学作品中却鲜少提及这一发明。原因或许在于，使用这一工具在当时太过稀松平常，甚至没有人想到要把它记录下来。直到更加晚近的时代，才出现第一批确凿的证据。文学作品方面，公元前422年，阿里斯托芬(Aristophane)在《马蜂》(*Les Guêpes*)中描写了一次关于盟邦向雅典所缴贡款的辩论："先随随便便计算一下——用指头，不用石子……”考古学方面，由于文物的脆弱性（算板通常为木质，有时甚至仅有墙上的几行粉笔痕迹），一直到与阿里斯托芬作品同一时期的公元前5世纪，才在萨拉米斯岛（l'île Salamine）发现了最古老的计算工具：一个绘有若干平行线纹的白色长方形大理石板，采用十进制和次级的五进制进行计算。这显然源于人类用手指数数……

然而，中国的算盘借助的则不是石头，而是细棍："算盘"一词的字面意思即为"带有细棍的板"，今仍用来指称这种我们所熟知的计算工具。不过，声名在外的算盘却在很久以后的公元10世纪才开始出现，而第一部对算盘进行描写的算学著作甚至写就于五个世纪之后！然而，中国细棍算盘的设计却比希腊罗马世界算板的设计更加精妙：除了基本四则运算外，它们还能开平方或开立方，甚至表现小数……

另见

计算器（1642年）
计算机（1936年）

（图2-7 算板）

公元前900年
滑轮

历史上最早的滑轮，出现在公元前9世纪上半叶的一件亚述浮雕之中……

普鲁塔克（Plutarque）在《名人传》（*Vies des hommes illustres*）中记述了阿基米德在叙拉古国王希耶隆（Hiéron de Syracuse）面前展开的一场实验："他让人用手臂的力量大费周章地把国王的一艘战船拉上陆地，然后命人为船装上常规载重量的重物，并在船可承受的限度内尽可能多地装满人。然后，坐在稍远处的他用手轻拉一架装有若干滑轮的机器装置末端，便毫不费力地将这艘战船拉向了自己。战船轻轻滑动，如同乘风破浪时一样毫无阻碍。"科学家阿基米德还曾立下豪言壮语："由于对自己结论的效力充满信心，他甚至自夸，如果有另一个地球，他就可以到那个地球上面，移动我们这个地球！"在历史的长河中，由这段故事衍生出的奇谈传说不在少数，而且它们都把阿基米德奉为一切起重装置之父："给我一个支点，我将撬动地球"——谁还没听过这句伪名言？

建筑师和商人可没等这位伟大的西西里科学家来设计和制造这种装置。前者将之用于建造愈发宏伟的建筑，后者将之用于装卸随着贸易发展而体积愈发庞大的货物：在工地和港口，起重装置的使用显然先于传记中记载的那段故事。不过，确定这一装置的年代却是一个棘手问题：我们可能永远都无从知晓第一架杠杆的发明人是谁（何况也可能是个女人！）……但关于滑轮，我们却有一些线索：已知最古老的对滑轮的绘制，出现在一件亚述浅浮雕作品中。它描绘了一座被国王阿淑尔纳西尔帕二世（Assurnasirpal II，883—859年）围攻的城市城墙上的士兵们忙着切断一架起重装置绳索的场景。虽然很难确切断定这场战役的时间（因为这位极其嗜血的统治者治下冲突不断），但却可以肯定地说，滑轮起源于至少3 000年前。

滑轮的发明当然有先决条件：如果不是事先有了轮子，就不可能发明滑轮。同样，这一发明也带来了后续众多出色发明，有普鲁塔克的文章为证。将两个、三个或四个滑轮组合起来的大胆想法成就了滑轮组的诞生，绝妙至极：为克服物体本身重力而需要对其施加的力被等量分散，所以一个人或一个动物就可以单独完成许多人或许多动物都无法完成的事……

另见

轮子（公元前3500年）

公元前700年
水道桥

水道桥并不是古罗马人发明的——它的诞生比古罗马人来到永恒之城的时间早400年。不过古罗马人的壮举依然值得钦佩。

一提起水道桥，人们便会想到以著名的加尔桥(Pont du Gard)为首的一长串承袭自古罗马的建筑名单。的确，罗马共和国及罗马帝国为这些非凡装置带来了决定性的创新设计……但与主流认识相反，古罗马人并非这一装置的发明者！在展开讨论之前，需要先澄清一点：(再一次)与先入为主的观点相反，水道桥不是桥，而是一个引水网络，它的很大一部分通常都埋藏在地下。因此，迷人的加尔桥只是一个更复杂整体的一段可见部分。那么水道桥是如何诞生的呢？

公元前705年至公元前681年，亚述王辛那赫里布(Sennachérib)铁腕统治尼尼微(Ninive)。这位出色的战略家还锐意对首都进行城市改造，在这片干旱的土地上兴建了众多象征权力的花园和公园。出于灌溉需要，他命人建造了运河、水池、水坝以及一座数百米长的桥，为后世留下了考古和金石研究方面的线索——君主总是坚持将浮雕和石碑留给后人，以便自己的丰功伟绩能永世流传。此外，一些研究者认为，古代世界七大奇迹之一的空中花园正是以此为原型诞生于尼尼微，而非巴比伦……

虽然第一座水道桥诞生于亚述帝国，但第二座却在公元前6世纪出现在希腊萨摩斯岛（l'Île de Samos）：这座以“欧帕里诺斯隧道”（le tunnel d'Eupalinos）之名而为人所知的建筑得名于它的设计者，堪称建筑杰作。隧道全长1 036米，全部位于地下，把卡斯特罗斯山（le mont Kastros）下近200米处的深泉引到萨摩斯岛首府。

最终，在这场水道桥起源之争中，古罗马人名落孙山：作为永恒之城内第一座类似装置，阿皮亚水渠（l'*Aqua Appia*）在公元前4世纪末才得以修建。虽然如此，这座水渠却名声在外：这些伟大的建造者们在建筑技术、流量控制、地形科学等各方面均实现了非凡壮举。其中一个证据便是：这座水渠的原始设计图在此后数个世纪一直在为众多建筑师所用。例如，欧仁·贝尔格朗（Eugène Belgrand）在拿破仑三世治下建造的巴黎瓦讷河（la Vanne）水道桥，就完全沿用了十六个世纪前吕特斯（Lutèce）水道桥的建造方法。时代更迭，水却一直在这座世界最美丽的城市自由流动！

另见

下水道（公元前3000年）

公元前600年
货币

金属货币出现在公元前7世纪的安纳托利亚。随之诞生的商业体系是一切商品贸易之源。

如今,比特币这一网络加密货币在交易中扮演着愈发重要的角色,人们也能够在日常消费时使用银行卡进行非接触支付。相比之下,使用信用货币似乎有些过时。不过,在公元前7世纪货币诞生之时,它却标志着一场真正的革命。

最早的货币出现在小亚细亚半岛的吕底亚(Lydie)王国,这得益于迈尔姆纳德王朝(la dynastie des Mermnades)开朝国王巨吉斯(Gygès)及其继任者阿律阿铁斯二世(Alyatte II)和他的儿子、公元前561年至公元前546年在位的著名国王克洛伊索斯(Crésus)的倡议。在萨第斯(Sardis),人们曾发现刻有皇家印记"狮子"的阿律阿铁斯二世时期的钱币。那时,货币由琥珀金铸成。这是一种金银天然合金,开采自国内各个矿床,著名的帕克托勒斯河(le fleuve Pactole)中也富含这种矿粒。钱币一面为王朝的象征,另一面为戳记,用来表明此枚硬币的重量或作为对所使用合金的认证。很快,这一做法便传遍整个希腊世界和近东地区。

相较于物物交换或用小件物品充当交易货币的做法（如古埃及和美索不达米亚的铜环、中国的贝壳），货币有何优越性呢？当然是更实用！它易于携带，便于进行越来越大宗的交易，而物物交换在这种情况下则会因物品价值过高或交易双方无法提供令对方满意的物品而限制交易的进行。此外，信用货币可以分割，使得从最小价值到最大价值的物品都能进行交易；可想而知，对物物交换来说，分割一件工具、一个动物并非易事，要在性质差异极大的两样物品间建立相等的价值关系也非常困难……

但是，要想真正建立起这些交易，货币发行机关为货币提供的价值保证至关重要。这样一来，交易的基础便是货币使用者对铸造货币的王国或城邦的信心。作为现代货币体系的根基，这种信心随后推动了纸币、电子货币等非贵重货币的流通。这些货币的名义交换价值已经得到认可：想要变得富有，再也不需要到帕克托勒斯河淘金了！

另见

金属（公元前4000年）

公元前399年
投石机

西西里的狄奥多罗斯(Diodore de Sicile)在一篇著名文章中将投石机的发明时间确定为公元前399年。不过,一些考古发现却重新对此提出了质疑。

“同一时期,投石机诞生于叙拉古(Syracuse)。这座城市后来成为大批灵工巧匠的聚集地。不断上涨的薪酬以及提供给最出色者的众多奖赏掀起了全民竞争的热潮。”——西西里的狄奥多罗斯在《世界史》(*Histoire universelle*)第十四卷中如是记载。公元前5世纪与公元前4世纪之交,叙拉古僭主老狄奥尼修斯(Denys l’Ancien)与迦太基(Carthage)交战正酣,而投石机正是在这一背景下由老狄奥尼修斯一方发明。这一器械的效果很快便得到了证实:“叙拉古人在地面上使用投石机发射尖锐利箭,歼灭了一大批敌人。这些闻所未闻的新式武器令人啧啧称奇。由于行动失败,伊米尔卡(Imilcar)撤回了利比亚……”

虽然这一珍贵的见证写于事件发生很久之后——狄奥多罗斯在三个多世纪之后才写下这些记载,但历史学家们却借助它将投石机的发明时间确定为公元前399年。他们还推测这种武器最初系用于发射箭矢。这一假设被与狄奥多罗斯同时代的亚历山大港的希罗（Héron d'Alexandrie）证实，他在《发射器》（*Belopoica*）一文中指出："这些由手持弓衍生而来的装备，标志着弹道装置的诞生。"因此，"投石机"这一称谓应从广义上来理解，它指代的是一切弹道装置。古人随后区分出了发射箭矢的"射箭机"（les « oxybèles »）、发射装备有弹丸和其他更晚近发明的"投石器"（les « lithoboles »）——它们的存在感一直到希腊化时代才真正得到体现，如公元前305年"围城者"德米特里乌斯一世（Démétrios Poliorcète）围攻罗德岛（Rhodes）之时。

然而，一些惊人的考古发现却颠覆了这一重要结论：1967年，在塞浦路斯帕福斯（Paphos）遗址出土了一些石灰岩弹丸，它们可以追溯至公元前5世纪初，恰好是波斯人围攻这座岛屿之时；此后，1994年又在爱奥尼亚（Ionie）的福西亚（Phocée）发现了一颗22公斤重的凝灰岩弹丸。这颗弹丸很可能在五十多年前的公元前546年被这些进攻者用来摧毁堡垒……所以，是波斯人在公元前6世纪发明了投石机吗？尽管尚无定论，但专家们还是倾向于支持狄奥多罗斯的假设：帕福斯和福西亚发现的弹丸很可能并不属于攻方，而属于守方。他们先为弹丸塑形，使之便于持拿搬运且易于在堡垒胸墙上滚动，随后直接从城墙内用手将其抛出……

另见

投枪器（公元前18000年）

公元前312年
公路

凯撒的物当归给凯撒：虽然公路不一定诞生于台伯河(le Tibre)河岸，但它却正是在那里收获了盛名。

从人类开始定居时起，便有了道路。这矛盾吗？细想之下，并不尽然：最早的村落建成之后，为方便交流，需要将它们连通起来。但也不必把那时的道路想象成一个工程宏大、拥有信号设备的复杂网络：新石器时代的道路依然还只是些小道或小径，一旦人流量减少，自然植被便很快会卷土重来。后来诞生了第一条规划道路，先是在公共建筑周围，后走出城镇，绵延万里：在近东和英国均发掘出带有6 000年历史木栅栏的新石器时代的道路；此后，希腊在公元前2700年至公元前1200年的米洛斯文明时代，规划了铺有碎石的道路。

公路的出现是更近的事。塞维利亚的伊西多尔(Isidore de Séville)在公元7世纪的作品《词源》(*Etymologiae*)中，将这一发明归功于迦太基人。不过，他既未说明其使用时间，也未说明自己这一论断的原因。蒂托-李维(Tite-Live)则在《罗马史》中称公路是罗马共和国的发明。这一说法似乎更接近真相，因为美索不达米亚人、古埃及人、古波斯人和古希腊人虽然确实也修建道路，但却从未达到如此登峰造极的程度，其道路网络也从未达到如此规模。古罗马人撰写了关于开辟和修建道路的完整论著：西库卢斯·弗拉库斯（Siculus Flaccus）在公元1世纪便区分了“由国家财政修建的公共道路”、“连接大道的乡村小路”以及“穿过私人领土的小路”，让“有需要的人可以由此抵达自己的地盘”。

正如该领域专家雷蒙·舍瓦利耶（Raymond Chevallier）所说，并非所有的路都需要铺砌石块（燧石道路，*via silice stratae*）：处于次要地位的道路可能会铺以砾石（砂砾道路，*via glarea strata*）甚至泥土（地表路，*via terrenae*）。第一条被细致铺就并永载史册的道路，是建于公元前312年、连接了罗马和意大利南部的亚壁古道（la *Via Appia*）。随着征服范围的扩大，道路网也延伸到了各个行省。但罗马陷落后，由于缺乏维护，这一道路网的状况逐渐恶化。在巴黎，数个世纪后的1184年，腓力·奥古斯都（Philippe Auguste）才让公路重返荣耀。公路还曾为游客和一代代诗人带去灵感。莱奥·费雷（Léo Ferré）如此描述公路的一项最新用途：“如少女般/道路褪去衣裳/铺路石堆积/向着过往警察/脸上砸去”……

另见

下水道（公元前3000年）

约公元前287—前212年
阿基米德

浴缸、杠杆、螺丝、镜子、阿基米德定律：人们将无数发明都归在了这位叙拉古科学家的头上。其中大部分确实如此，但也有一些是张冠李戴。

阿基米德生活于公元前3世纪，卒于公元前212年罗马人围攻叙拉古之时。人们自认对这位天才数学家、多产发明家已了如指掌。确实，他的部分成就穿越时间，一直流传至今。他在几何学、物理学和天文学领域均拥有斐然成果，试举其中几例：对π（圆周长与圆直径之比）的近似值的计算方法；对重心和杠杆的研究；对大数的思索——这使他写出了惊世骇俗的论著《数沙者》（*L'Arénaire*），其中计算了能够填满宇宙的沙子的数量；还有以他的名字命名的著名定律，“浸入液体中的物体受到方向由下至上的浮力，其大小等于该物体所排开液体的重量”……两个世纪之后，建筑师维特鲁威对这一发现的描写，让阿基米德跳出浴缸高喊“尤里卡！尤里卡！”的形象深入人心。

正是由于阿基米德其人并未如其成就一般为人所知，他的生活才引发了无数传说。波利比乌斯（Polybe）、西塞罗（Cicéron）、蒂托-李维、普鲁塔克、瓦莱里乌斯·马克西姆斯（Valère-Maxime）、萨莫萨塔的琉善（Lucien de Samosate）以及众多其他作家，虽无一人认识阿基米德这位卓越科学家，却仍旧不忘将关于他的传说传扬下去并加以美化。这些故事讲述了阿基米德整个一生，直至他魂断马塞勒斯（Marcellus）将军麾下的一名士兵手中，甚至还涉及他的身后之事：时常言过其实的西塞罗，就曾在《图斯库兰讨论集》（*Tusculanes*）中讲述了年轻时在西西里担任财务官的自己，如何在灌木和荆棘丛中发现了被遗忘的阿基米德之墓。

不过，最令人惊叹的故事还是与叙拉古战役有关：阿基米德发明的装置在长达三年的时间里帮助叙拉古抵御住了强大的罗马军队的入侵。在这方面，有一些史实是可信的，甚至已被证实。普鲁塔克写道："阿基米德一启动机器，各式各样的利箭以及巨型石块便倾泻而出，如大雨一般浇在罗马步兵的身上。箭飞石落，铿锵有力，撞击声不绝于耳，其势无人可挡[……]。在靠海的另一边，他也早已在城墙上布置了另一批机器。面对战船，这些机器能够迅速下放一种呈钩状的巨大触手勾住战船，利用配重之力将其吊起，而后任其倾覆，毁于浪涛之中。"然而，另一些故事的真实性却再次成谜：例如，根据彼时的技术，尚无法制造出那著名的、能够远距离点燃敌军船队的凹面镜，但有关于此的传说仍在继续流传……

另见

滑轮（公元前900年）

投石机（公元前399年）

（图2-8 一幅16世纪版画中的阿基米德）

（图2-9 1888年美国艾伦与金特香烟公司发行的“世界发明家纪念版”印刷样品上的阿基米德像）

公元前280年
灯塔

建成于公元前280年的亚历山大灯塔是古代世界七大奇迹之一。它的身影在约五十公里开外依然可见。

虽然点亮灯火为海员导航这一由来已久的想法的起源时间无从确定，但用于实现这一功能的最著名建筑亚历山大灯塔的建造时间却有据可查：它始建于“救主”托勒密一世（Ptolémée Ier Sôter）在位时的公元前290年，建成于其子“恋姐者”托勒密二世（Ptolémée II[er] Philadelphe）统治时的公元前280年。众多作家在游历这座埃及城市时，都曾欣赏这座建筑，甚至还能读到关于灯塔建造者的一段铭文。例如，斯特拉波（Strabon）在《地理学》（*Géographie*）第17卷中写道：“法罗斯小岛的最远端不过只是一块被四周海浪不断拍打的悬岩。在这块悬岩上，巍然屹立着一座数层楼高、雄伟壮观的白色大理石塔楼，被称为法罗斯灯塔，与小岛同名。灯塔的建造者和题辞者是国王之友克尼德的索斯查图斯（Sostrate de Cnide）。如同塔身铭文所证，建造灯塔的目的是确保航行于周围海域的海员的安全。”

据老普林尼记载，作为“国王之友”（即自亚历山大大帝去世后一直统治埃及的托勒密王朝最初几位统治者的近身顾问），建筑师索斯查图斯还因在自己的故乡建造了悬廊而闻名。不过，亚历山大灯塔依然无可比拟，岿然屹立了数个世纪，最终毁于1349年的一场地震之中。灯塔的超长寿命也让它出现在众多文章和艺术作品当中，甚至被铸刻在钱币之上。以亚历山大研究中心创始人、伟大的法国专家让-伊夫·昂珀勒尔（Jean-Yves Empereur）为首的一众考古学家们，只需搜集这俯拾即是的证据，便能够描述灯塔的三层结构：方形塔基、八角形棱柱塔身和圆形塔顶，配有燃油灯装置，塔尖处有一座雕像，整座灯塔高度大约为135米。

然而，亚历山大灯塔并不只引导过海员、惊艳过游客。萨莫萨塔的琉善曾于公元2世纪凝神欣赏过它。对他而言，这座灯塔也对所有历史学家甚至更广义的人类功业有所启发："因而，这位建筑师思索的并非'当下'这一生命中的短暂一瞬，而是现在和未来——只要这座灯塔屹立不倒，只要自己的匠心之作永续恒常。这正是书写历史应该采用的方法。应以真理为指导，等待后世的褒扬，而不是为了取悦同代人堕入阿谀谄媚之中……"愿灯塔长明，继续启迪人类！

另见

小船（公元前8000年）

公元前200年
指南针

关于指南针的起源并无定论，但围绕这项神秘发明的奇谈传说却有很多……而这还不是唯一的矛盾之处！

在指南针之前，先有了磁铁。古人早已发现这种含氧化铁的矿物的磁性，柏拉图等人还试图解释这一现象。他在《蒂迈欧》（*Timée*）中写道："所有物体互相循环挤压，在分裂和收缩时，它们会互换位置，并重新占据属于自己的位置……" 晦涩难懂！还有一些人倾向于承认自己的无知。例如，老普林尼就指出，铁 "这种战胜一切事物的光荣物质一路奔向未知的虚幻真空。越靠越近时，它会跳向石头，附于其上，并被牢牢吸住"。卢克莱修（Lucrèce）则提到铁与磁铁之间存在 "看不见的接合处"，磁铁之名可能来源于首次发现它的牧人 "马格内斯"（Magnès），或因其发现于色萨利（Thessalie）地区马格尼西亚（Magnésie）的赫拉克利亚（Héraclée）附近而得名。

当希腊人和罗马人还在探究这些神秘特性时，中国人已开始将其应用于实践：他们制造出磁针或磁勺等带有磁性的物品，用于指示 "南" 这一被中国人作为参照的方向。其中最古老的要追溯到秦末汉初，普遍认为是在公元前200年——有待新的发现让这一数字更加精确。不过，更精密的装置一直到公元11世纪才出现：科学家沈括在1080年的著作《梦溪笔谈》中对其进行了明确描述，并提到了今天人们熟知的“磁偏角”现象——地磁北极与地理北极的位置并不重合，总存在一定角度的偏差，并且它们的位置会随时间而变化。

传说这一发明随后被马可·波罗带入欧洲。然而，在不乏添油加醋成分的《马可·波罗游记》中，却找不到有关于此的任何记载。这一装置很可能沿商路经由印度和阿拉伯世界，在黎凡特（Levant）地区被威尼斯商会命名为“bussola”（即“小盒子”），而后被旅行家和海员广泛使用：12世纪末，诗人吉奥·德普罗万（Guiot de Provins）曾提及它的存在。后来，克里斯托夫·哥伦布（Christophe Colomb）和瓦斯科·达伽马（Vasco de Gama）等大航海家也开始使用指南针，并试图找到通往中国的路线……而对指南针来说，这似乎是一场“回乡之旅”！

另见

电磁铁（1820年）

（图2-10 大约在1619年制成的德意志德累斯顿地区的一种指南针）

105年
纸

石头、莎草纸、羊皮纸……自8 000年前文字诞生以来，便从不乏书写载体。不过，纸一直是最适宜书写的载体。

通常认为，纸的发明时间是105年。这一年，中国宦官蔡伦向汉和帝呈献了一种以桑葚、亚麻和大麻纤维为主要原料的纸浆。这种纸浆系将原料沤浸、捶捣而成，经晒干后便能成为绝佳的书写载体。朝野上下都将之视为奇巧之物。它确实取代了此前的各种书写载体：木犊（沉重且不易储存）、竹简（脆弱而不便使用——有些竹简因幅面过窄，只够写一列文字）和缣帛（由于造价高昂需节约使用）。随后，汉和帝诏令天下，礼赞纸张并大加推广，蔡伦也因此加官进禄……

在中国，纸被视为高度战略机密。证据：在600多年的时间里，人们一直对其秘而不宣。转折出现在751年7月。唐军与大食军队在今哈萨克斯坦城市塔拉兹（Taraz）附近的怛罗斯（Talas）河开战。双方对两军对垒形势的描述各不相同：阿拔斯人宣称自己以四万兵力碾压十五万唐军，而唐人则声称与数量五倍于己方的敌军浴血奋战……不过这都不重要。最关键的是，阿拔斯人最终获得胜利。他们借机带走了一大批俘虏，其中便有掌握造纸技术的匠人。正因如此，纸才开始在阿拉伯-伊斯兰世界传播（巴格达8世纪末出现了造纸作坊）并在此过程中得到了不少改进。

在欧洲，纸并没有立刻取代公元前2世纪便开始制造的以动物皮为原料的羊皮纸。纸的存在虽自10世纪以来便为法国人所知，但法国在12世纪末却仍只有一家位于埃罗省（Hérault）的造纸厂。1454年后，印刷术推动了纸张生产。技术进步亦自此开始，再未停止。在当今数字时代，纸仍继续为人所用。每个法国人每年平均消耗136千克的纸：书、报纸以及……行政手续的材料。这对纸的生产者而言是个好消息，但对环境而言则不尽然！

另见

墨（公元前3200年）
印刷术（1454年）

132年
地动仪

132年，中国科学家张衡制造出历史上第一台地动仪，那是一台集准确度与艺术性于一身的装置。

地震从何而来？自19世纪末以来，特别是自1960年代的板块构造学说以来，关于地震成因才有了地质学和构造学解释。在此之前，假说层出不穷。亚里士多德认为，地震是由地下的强风所致。这一说法在古代甚为流行，还得到卢克莱修、普林尼和塞内加的支持，在整个中世纪继续大行其道……直到其他触发因素的提出：伽森狄（Gassendi）认为是“某种含硫与沥青的气体突然燃烧”，布丰和贝尔托隆（Bertholon）神父认为是“放电到地面的闪电之中的电”，康德则认为是“一种仅需星星之火便可呈燎原之势的易燃物”……这种解释让人想到地震与火山之间的联系，并在很长一段时间内被奉为真理：1906年，仍有多位专家认为4月7日维苏威火山的爆发与11天之后旧金山的地震有某种联系——虽然两座城市相距甚远！

我们甚至可以认为，地震来源难题早在132年便被中国的张衡破解。不过，有一点需要明确：这位东汉的科学家并未解释这一现象，但已能够指出地震的方向。考虑到中国幅员辽阔，这已是一大进步。况且，张衡发明的这一装置还是一件美学杰作：形似酒樽，外有八龙，首衔铜丸，下有蟾蜍；中有铜柱，施关发机，傍行八道，与龙相接。如有地动，虽去千里，尊则振龙，机发吐丸，而蟾蜍衔之，寻其方面，乃知震之所在。[①]得益于这一精准而别具一格的地动仪，人们也得以尽快开展受灾群众的救援工作。

因为受灾群众总是牵动着政府和见证者的心。伏尔泰在1756年《里斯本的灾难》(*Poème sur le désastre de Lisbonne*)一诗中曾哀怜道："妇女儿童的死尸堆积如山，/断裂的大理石下，是散落的身体器官；/被大地吞噬的十万个不幸者，/他们血肉模糊，身首异处，仍抽动着，/葬于自家檐下，临终却无人相助/悲凉一生，痛苦惧怖！"

另见

指南针（公元前200年）

① 请参看《后汉书·张衡列传》。——译者注

250年
磨坊

250年左右，在安纳托利亚的希拉波利斯（Hiérapolis），切石工人们便已将水力作为繁重劳动的宝贵助手。

“水磨发明于古代，但真正得到传播却是在中世纪。”马克·布洛赫（Marc Bloch）在1935年的《年鉴》（*Les Annales*）中如是说。这一观察非常到位，因为“一种发明只有在拥有强烈的社会需求时才会得到推广”。然而，一直到罗马帝国衰落，奴隶劳动力仍足够充足且廉价，因此不需要开发能够替代人力的新技术：在众多领域，奴隶制都成了技术进步或至少是技术传播的阻碍——当然，奴隶制的罪恶绝非仅止于此。

水磨确实在古代就已为人所知。公元前3世纪末，拜占庭的费隆（Philon de Byzance）在《气动力学》（*Pneumatiques*）中便已描绘过安装在水面上的桨轮。不过，它还不是准确意义上的磨。这一装置并非为了产生能量，而是为了利用水车原理，在底部将水收集起来并抬升至有限的高度。两个世纪之后，维特鲁威在《建筑十书》（*De Architectura*）第十书中再一次提到了这些轮子，“由水的压力本身带动旋转：汲桶取水，把水提升上来，提供使用所需的量”。这位古罗马建筑师随后还提到了同样借助旋转动力、能够变麦粒为面粉的磨盘,但只是一笔带过。

公元3世纪下半叶,在安纳托利亚的希拉波利斯城西部大墓地中,一座石棺的浮雕则以更加明确的方式展示了第一台水磨的特征:借助水力和齿轮系统,这台水磨能够启动一把用于切割石头的锯。不过,马克·布洛赫所言不假:对书面和考古资料的研究表明,此类装置在古代仍十分罕见。然而,对于这位认为水磨在封建领主制时期(即公元1000年后)才真正得到发展的历史学家而言,他的其他假想在近几十年间却不断被修正:加洛林王朝时期的确凿证据表明,这一装置的传播似乎要追溯到更早的中世纪早期。

但是,风力磨坊在欧洲的传播确实是在12和13世纪:十字军很可能在圣地发现了这一技术,并带回了故土,还对其进行了改良和吸收。1150年起,风便开始与水一道,推动用于加工粮食的磨盘,为不断增长的人口供应食粮。

另见

摆杆步犁(公元前5000年)

轮子(公元前3500年)

第三章　中世纪

有些偏见根深蒂固。罗马帝国灭亡，令人惊艳的古代就此结束。文艺复兴的人文主义者们决定将自那以来的约一千年称为"中世纪"——此后，中世纪便在很长一段时间内声名狼藉。无知、倒退、蒙昧主义等用来形容和贬低这一时期的词语不绝于耳。到了20世纪，尽管中世纪历史学家们已不遗余力地为中世纪开展正名工作，但显然，他们的任务仍十分艰巨。即使在今天，我们谈起中世纪的某种做法、习惯或某种机器，也鲜少是出于赞叹……

因此，虽然中世纪在机械、能源、工具、武器装备、纺织甚至更广泛的知识生产与传播（大学不正是诞生在中世纪吗？）等诸多方面均取得了不少进展，但主流观点依然认为这一千年并未有任何创造。或许，改编自翁贝托·埃科（Umberto Eco）同名小说的电影《玫瑰的名字》（*Nom de la Rose*）中豪尔赫（Jorge de Burgos）的话太过令人信服：他曾提及需要"保存知识。我说保存，而非研究，因为在知识的变迁中丝毫不存在进步，充其量只有连续和卓越的概述罢了”！

简而言之，认同中世纪这一为人熟知的形象，便是选择对研究者、历史学家和考古学家们所提供的证据视而不见，更是坐井观天，对诞生于我们西方世界以外的无数发明视若无睹。因为人们常常忘记中世纪世界并非仅局限在欧洲：在南部和东部，有灿烂的阿拉伯–伊斯兰文明；再往东，还有孕育了诸多发明的中国。

历史学家雷吉娜·佩尔努（Régine Pernoud）1979年的作品曾大声疾呼：《盖棺论定中世纪》（*Pour en finir avec le Moyen Âge*）！这一恢弘事业从未间断，后文列举的几个例子仅是为此所尽的微薄之力。这些实例还表明，印刷术等启发了现代性的发明，还有以莱奥纳尔多·达芬奇（Léonard de Vinci）为代表的被视为文艺复兴象征的人物，仍然牢牢镌刻在并非如此黑暗的中世纪里！

约700年
蒸馏器

蒸馏器由阿拉伯人在8世纪初发明，过了很久才传到西方世界，并在这片土地上声名大噪！

由于相关资料不足，尚无法断定蒸馏器出现的确切时间。不过，蒸馏的历史可不是从蒸馏器的出现才开始的。实际上，提取凝结在加热容器边缘蒸汽的工艺在古代早期便已有之，并在美索不达米亚、埃及和希腊得到应用。亚里士多德在《天象论》（*Météorologie*）中发现，这一工艺也适用于海水："根据经验，我们相信，海水变成蒸汽后便可以饮用，且变为蒸汽的部分在再次凝结时不会化为海水……"用来完成这一进程的容器在古文献中常被称为"*ambix*"，而它或许也在词源上影响到了源于阿拉伯文的"蒸馏器（alambic）"一词。

蒸馏器正是于公元8世纪初左右诞生在阿拉伯一带，后来才被波斯科学家贾比尔·伊本·哈扬（Jabir ibn Hayyan，即西方人熟知的"吉伯"[Geber]）提及。酒精分离带来了比古代时期人们所掌握的工艺更加先进的技术。这一技术在公元9世纪和此后一个世纪分别得到巴格达哲学家、亚里士多德专家金迪（Al-Kindi）以及安达卢西亚医生阿布·卡西姆（Abu al-Qasim）的进一步改进。此后，这一装置传到西方，并成为炼金术士不可或缺的装备。有可能是它推动了不老药的发现！难怪从蒸馏器中提取而来的酒精在当时被称作“生命之水（*aqua vitae*）”。这一称呼也沿用至今（“eau-de-vie”），尽管倡导节制饮酒的人会对此嗤之以鼻……最早的酿酒商甚至还提出了无法反驳的证据：在蒸馏器里，酒精的蒸汽向天空升腾，这无疑说明它拥有奇效！

13世纪，身为医生的佛罗伦萨的塔代（Thaddée de Florence）（真名塔代奥·阿尔代罗蒂［Taddeo Alderotti］）在《医疗建议》（*Consilia Medicinalia*）一书中，建议每天早上痛饮生命之水，并将之视为“万药之母，万药之主”。14世纪初期，维塔尔·杜福尔（Vital du Four）主教在《为保持健康》（*Pro conservanda sanitate*）一文中甚至进一步明确：生命之水“让人快乐无比，能永葆青春，延缓衰老。它可缓解牙痛，清除鼻腔、牙龈和腋下异味。经常饮用，能消除喉咙肿痛。它还对治疗忧郁症、足痛风和水肿有奇效，能治愈耳疾、耳聋和下疳。它还能溶解膀胱结石或肾结石”，而这些都还只是它无数疗效当中的一小部分！

另见

肥皂（公元前2000年）

（图3-1 一幅表现蒸馏技术的画作）

（图3–2 大约在9世纪至11世纪间制成的蒸馏器，出土于伊朗的尼沙普尔[Nishapur]）

约900年
马蹄铁

马蹄铁究竟发明于古代还是中世纪？种种线索让人议论纷纷，历史学家和考古学家们至今仍在争论马蹄铁的起源时间……

想要给马钉铁掌，必须先要驯化它……研究者们此前一直认为，人类在公元前2500年左右驯化了马。2009年，得益于一批英国科学家与法国国家科学研究中心和国家自然历史博物馆合作在哈萨克斯坦北部进行的长期细致工作，马的驯化时间被提前了整整一千年：对含有马奶脂质残留物的遗骨和陶器的分析无疑证明，马的驯化至少有5 500年历史！

最早的骑士应该很快便发现了自己坐骑的脆弱之处：通常，马蹄上的角质会自然脱落，但在田间或出行时的密集使用则会加速它的老化。不少古代作家都曾在自己的作品中对此表示过担忧，例如阿普列尤斯（Apulée）的《变形记》（*Métamorphoses*）以及韦格蒂乌斯（Végèce）的兽医专论《马医学》（*Mulomedicina*）。这一忧虑的起源则更加久远，甚至出现在奠基巨著之中。《奥德赛》中，忒勒马科斯（Télémaque）招呼奈斯托耳（Nestor）之子裴西斯特拉托斯（Pisistrate）："醒醒，牵出蹄腿坚实的驭马，套入轭架，以便踏上回返的途程。"《圣经·以赛亚书》第五章中，"万军之耶和华”又一次准备惩罚百姓（已数不清是第几次了！），并“从地极”招来一支势不可挡军队，“他们的箭快利，弓也上了弦。马蹄算如坚石……”。

不过，没有任何一部古代论述曾提及马蹄铁的使用：顶多只是关于用来保护战马马蹄在马厩不受潮，或用来在重大场合装饰马蹄的“马凉鞋”（hipposandales）。所以，老普林尼才会在《博物志》中说尼禄（Néron）的妻子波比娅（Poppée）曾想过给自己的爱骡穿上金掌……不过，“马凉鞋”这东西对骑兵部队中疾驰或冲锋的骏马毫无意义，因为它太不结实了！

关于带钉马蹄铁的第一个确凿参照出现在更久以后：拜占庭帝国皇帝“智者”利奥六世（Léon VI le Sage）编写于900年左右的兵法著作《战术》（*Tactika*）的第五章对其有所记载。最早的关于带钉马蹄铁的绘画作品也可追溯至同一时期。据此，说马蹄铁是中世纪的发明似乎是可信的。尽管如此，仍有一些认为马蹄铁是古代发明的科学家们对此争论不休。在不久的将来，考古或文献方面的新发现或许能帮助我们解决这一难题。对研究者们来说，这可就需要幸运女神的眷顾了……

另见

金属（公元前4000年）

（图3-3 大约在13世纪于英格兰德比郡[Derbyshire]制成的带马蹄铁形压纹的釉面陶罐）

965—1040年

伊本·海什木

阿布·阿里·哈桑·伊本·哈桑·伊本·海什木因发明了暗室而闻名于世,是中世纪最伟大的科学家之一。

哈桑·伊本·海什木(Hasan Ibn Al-Haytham)965年出生于什叶派统治的巴士拉城。他最初在此研习宗教思想与文献,后来才开始进行科学研究。他从古代作家身上汲取的知识,以及他在数学方面的众多著作让他声名鹊起,甚至扬名埃及。自996年开始统治埃及的法蒂玛王朝哈里发哈基姆(Al-Hakim bi-Amr Allah),于1010年将海什木召往开罗,命其解决一个棘手难题:调控尼罗河的泛滥。虽说尼罗河的泛滥有不少裨益,但它同时也会毁灭性地破坏哈里发统治的土地。

踌躇满志的伊本·海什木率领自己组建的工程师和工人团队,经长途跋涉,到达阿斯旺。他原本打算在这里为拦截河水的大工程奠基。不过,海什木很快认清了现实:凭借自己掌握的资源和彼时能够调动的技术手段,他根本无法征服这条河!那么便需要将这一消息禀报哈里发——哈里发虽自诩为科学爱好者和资助者,却也以残暴著称。为了不“掉脑袋”,伊本·海什木决定做一个“没头脑”:一回到开罗,他就装疯卖傻,哈里发最终饶他不死,将他收监……

这一“不幸”却成了“万幸”：直至1021年哈基姆被谋杀，伊本·海什木在十几年时间里，在相对安宁的环境中撰写了多部重要作品，尤其是光学著作《光学》(*Kitab fil Manazir*)。这部七卷本著作将是此后五个多世纪的重要参考。对西方世界而言也是如此：1270年，这部著作的译本《海桑的光学之书》(*Opticae thesaurus Alhazeni*)问世(“海桑”[Alhazen]是伊本·海什木之名的拉丁化写法)。一些历史学家坚信，这部作品与四个世纪后出版于伦敦的牛顿所著《自然哲学的数学原理》(*Principia*)一样，同为物理学历史上的奠基著作之一。他们甚至断言，由于伊本·海什木的研究完全基于实验的方法，所以他可被视为科学方法的先驱，及至近代科学奠基者之一。

被称为“黑暗之屋”(« al-Bayt al-Muthlim »)的暗室，便是《光学》中介绍的最著名的发明之一。在亚里士多德最初发现这一原理的许久之后，对亚里士多德了如指掌的伊本·海什木成为首位成功将位于该装置之外的图像映射在其内部屏幕上的人……我们甚至还可以说，这位1040年逝世于开罗的伟大科学家也是摄影术的先驱之一！

另见

莱奥纳尔多·达芬奇(1452—1519年)

摄影术(1826年)

1044年

火药

1000年前后的种种迹象表明，黑火药诞生于孕育了众多发明的中国。

黑火药诞生于中国，这一点确信无疑。不过，对于它的起源则众说纷纭。一些历史学家认为，它起源于汉朝（公元前2世纪—公元2世纪）。然而，他们的依据却颇具争议。唐朝（618—907年）的可能性似乎更大，但相关证据却不足以让人对这一问题盖棺定论。因此，通常认为黑火药诞生于1044年：这一年，北宋三位大臣编修《武经总要》。正是在这部兵书辑录中，首次出现了关于黑火药配方（由硝石、硫黄和木炭组成）的文字记载。

这部著作已经阐明了这一复合物的危险性。其后的所有著作亦一再提及用于军事目的或在节庆时用于烟花燃放的火药的保存。火药一旦制成——即当三种原料按比例研磨、混合，一个小火星便足以将其引爆。无论是在中国的国内战争还是对外冲突中，火药都不忘展示自己的可怕威力。13世纪，元朝的蒙古军队在中亚与波斯人和阿拉伯人交战时便使用了火药。传说马可·波罗在成吉思汗之孙、元朝开国皇帝忽必烈大汗的宫殿驻留期间得知了火药的配方，并将它传入欧洲……不过，这只是关于这位威尼斯商人的众多讹传之一罢了。

即便没有马可·波罗，这个秘密也不会在中国保守太长时间：火药的配方在阿拉伯人的复制下迅速传播，并最终于13世纪到达西方世界。英国科学家罗杰·培根（Roger Bacon）是第一个提及火药配方的西方人。伏尔泰在《哲学词典》（*Dictionnaire philosophique*）中曾毫不犹豫地揶揄“我们的罗杰”，并质疑他在这一发明的传播方面所扮演的角色。不过，哲学家伏尔泰只是粗略浏览了罗杰的《大著作》（*Opus Majus*）：他如果仔细研读过罗杰另一部不大为人所知的《论自然与艺术的神奇及魔法的虚妄》（*Epistola de secretis operibus artis et natura et de nullitate magiae*），就会发现这位奇异博士确确实实提到黑火药的原料是“硝石”（le « salis petrae »）、“硫黄”（le « sulphuris »）和“炭”（le « carbonum »）！

另见

坦克（1917年）

1300年

眼镜

眼镜出现在13世纪末，最早可能起源于佛罗伦萨，随后传遍人文气息浓厚的整个欧洲。

很难一下认定眼镜的发明者，好几条线索都有待开发。不过，来自佛罗伦萨的萨尔维诺·阿尔马蒂（Salvino d'Armati）应该是最有力的人选。托斯卡纳首府的圣玛利亚大教堂内一处今仍可见的碑铭似乎指出了这一点："眼镜发明者、佛罗伦萨阿尔马蒂家族的萨尔维诺·阿尔马蒂长眠于此。愿神赦免他的罪。1317年。"传教士焦尔达诺修士（Fra Giordano）1306年2月23日在这座城市布道时讲述的内容也证实了这一假设："发明眼镜来改善视力的历史不足二十年。这是最有益、最有用的技术之一。这项前无古人的全新发明诞生于不久之前。我认识它的发明者：我和他说过话。"

但是别忘了，碑铭或布道文可不是不可辩驳的证据！况且还有一大堆其他人选（并且不只有这些人）也为此挤破了头：一些历史学家认定，方济各会修士罗杰·培根是眼镜之父，因其1267年时就在《大著作》某章节中提及阅读时使用的透镜……不过，除非这位英国科学家想到要把透镜同时用于双眼，否则他所指的可能只是放大镜而已——而放大镜的原理早在此前两个多世纪就已为人所知。

然而,与眼镜相关的证明和表现确实在1300年代的欧洲愈发增多,以至于一些作品中的圣徒、使徒甚至圣母都戴上了圆框眼镜!应该说,眼镜生产很快成为一项收效可观的业务:威尼斯的玻璃制造商们1301年起开始应修道院的要求配镜,此后迎来了一批世俗客源。这些客人有时会把眼镜作为炫耀品:镜架和镜盒起初还只是由木头或兽角制成,后来变成贵金属质地,并很快被饰以价值连城的奇珍异宝。渐渐地,佛兰德、法国、英国和德国也配备了自己的制造作坊。

不过在当时,获益的只是花眼患者:彼时仅有的凸透镜可以矫正看近物时的视力……对于长时间面对手稿连续用眼的抄写员而言,这已是天大的福音!对其他读者来说也是如此——随着15世纪中叶印刷术的诞生,读者的数量也大幅增加。此后,从16世纪开始制造凹透镜,以此服务于“短视”的近视患者。

另见

火药(1044年)

印刷术(1454年)

（图3-4 尼德兰人扬·科勒特一世[Jan Collaert I，约1530—1581年]的系列版画作品“近代新发明[*Nova Reperta*]”第15号，表现了眼镜的发明对时代的影响）

（图3–5 荷兰艺术家阿德里安 · 范 · 奥斯塔德[Adriaen van Ostade，1610—1685年]创作的版画《卖眼镜的人》）

1300年

钟表

大约在1300年，随着摆轮擒纵系统的发明，最早的机械钟表问世，在西方掀起了一场计时革命。

很难确定机械钟表出现的时间，但却可以确定它尚未出现的时间。天文学家罗贝尔图斯·安格利库斯（Robertus Anglicus）1271年的一则笔记称，机械钟表指日可待，但尚未问世："钟表匠们尝试做出一种运动周期与昼夜平分周期完全一致的表盘，但他们没能完成这一工作。"这难道是用词先于发明的特殊情况？并不尽然："钟表"（« *horologium* »）一词在当时是一个总称，用来指日晷、漏壶、星盘等所有时间测量工具。这一笔糊涂账曾让不止一位历史学家摸不着头脑！一些人提出这一发明出现在1284年、1292年或1314年，因为埃克塞特大教堂（la cathédrale d'Exeter）、坎特伯雷大教堂（la cathédrale de Canterbury）和卡昂桥（le pont de Caen）分别在这三个时间被安装了"钟表"。但他们忘了，这个词也可以用来指手摇铃！卡昂桥大钟的优美铭文写道："因为这座城市容我如此栖息/在小屋一般的桥上/我当长久聆听/为让平民大众欢喜。"

在期待新线索带来的推断和发现的同时，为方便起见，我们将

1300年当作机械钟表发明的时间。彼时的机械钟表配有带动齿轮运动的重锤以及当时的尖端创新：擒纵调速系统。横空出世的摆轮擒纵系统是为了避免摆轴的加速转动，并确保运动等时——这是钟表正常运行的必要前提。在雅克・勒高夫（Jacques Le Goff）看来，跳出这一装置本身来看，连整个社会都陷入了一场巨变："商人和手工业者们以计时最为精确、可用于非宗教和世俗生产生活的'钟表时间'取代了'教会时间'。这些随处可见、与教堂钟塔相对而立的钟表，是城市公社运动在时间秩序上的伟大革命。"

国家很快赋予这一发明重要地位，在法国尤甚：国王必须是时间的主人，查理五世（Charles V）在1370年敕令巴黎所有的时钟都要对照自己命人在西岱岛（l'Ile de la Cité）王宫钟楼建造的时钟校准时间。"这一新的时间也因此成为'国家时间'"，雅克・勒高夫如是说……不过，这也不妨碍这位统治者保持自己的一些旧习：《英明王查理五世的事迹和优良作风》（*Livre des fais et bonnes meurs du sage roy Charles V*）的作者克里斯蒂娜・德皮桑（Christine de Pisan）透露，查理五世仍继续使用带刻度的蜡烛来过自己的日子！真是"只许州官放火"……

另见

日晷（公元前1500年）

经线仪（1735年）

（图3-6 大约在1565—1570年间制成的德意志纽伦堡地区的“镜子钟”）

（图3-7 16世纪德意志台式钟表）

1338年

沙漏

沙漏1338年前后诞生于意大利。这项发明是时代的产物，很快便为海员、宗教人士和艺术家所用。

对沙漏的功能稍作了解，我们便会立刻提出一个问题：既然沙漏和漏壶基于同样的流量计时原理，为什么两项发明却相隔近3 000年？当然，答案肯定不在原材料上。我们都知道，埃及从来就不缺沙子！古埃及的建筑师们甚至通过观察沙子的流动性获得了扎实的知识；在宫殿、神庙以及金字塔的建造过程中，这一特性还被应用于石块处理。

原因还是在于容器，而不在于容器里的东西：沙漏的发明意味着对玻璃制造和吹制工艺的切实掌握。古人远未拥有这一技术，但中世纪的一些作坊却掌握了这一工艺。在这方面，意大利威尼斯及其卫星城穆拉诺一带的作坊自13世纪起发展尤为迅速。此外，虽然两个玻璃球的密封性、倾斜度和对称性十分重要，但这却远远不够：颈部管道的设计需要极佳的工艺，还需调节湿度，避免沙粒粘在玻璃内壁上。沙漏归根结底是环境和需求的产物：它与漏壶相反，对温度变化并不敏感（沙子在0℃以下并不会结冰！），对偏角现象更不敏感——尤其当沙漏被用作航海工具、在船上饱受颠簸之时。所有这些特性都解释了沙漏迟迟问世的原因。它比机械钟表的发明还要再晚几年。

因此，通常将沙漏的发明时间定为1338年。在这一年，安布罗焦·洛伦采蒂（Ambrogio Lorenzetti）完成了锡耶纳市政厅和平大厅（la Sala della Pace du Palazzo Pubblico de Sienne）的壁画作品《好政府》（*Bon Gouvernement*）。画中，一位身披华美蓝裙的女性人物右手持类似沙漏的器具，左手指向流逝过半的细沙：这一掌控时间的意象寓意着节制……但也有可能是在显示锡耶纳当时处在科技的最尖端！当然，这一器具被如此这般表现出来，说明它的发明时间应该早于这幅作品的完成时间。但这并不妨碍它获得成功：航海家靠它记录在海上度过的时间；僧侣们用它恪守一日的节奏，毕竟滑落的沙粒不会扰乱他们宁静的修行……

另见

漏壶（公元前1500年）

钟表（1300年）

（图3-8 约1500—1525年，德意志纽伦堡地区生产的沙漏）

1452—1519年

莱奥纳尔多·达芬奇

在达芬奇的肖像画作中，虚构与现实总是相互交融。在这位古今最伟大发明家身上，情况亦如此。

用这么短的篇幅来写达芬奇？当然不可能！他的生平及作品引发过无数研究，每年依然有新的研究作品出版问世。人们总感觉自己在不断（重新）认识这位来自佛罗伦萨的天才。由于他的作品丰富多样且数量众多，每个时代、每个行业甚或每个人都会拥有自己的达芬奇：今日的科学家们正是从达芬奇观察自然的方法中获得了灵感，进行“生体模仿”或“生物启发”研究；一个世纪前，最早的飞行员也认达芬奇为宗祖；探寻理想住区的建筑师、使用机器的工程师、备有进攻或自卫装置的士兵们，还有画家、雕塑家、金银匠等，都毫不犹豫地将渊源归于达芬奇。

从作品性质、灵感来源以及对前人工作的大量借鉴（在那个时代，说抄袭毫无意义！）等几个方面来看，达芬奇都是出色的发明家，是人们每每谈起人类精神的创造潜力便会想到的名字，也是欧洲文艺复兴这一巨变时代的象征——虽然他自己亦完全身处即将落幕的中世纪……达芬奇因此脱颖而出，但与他同时代的一些人也并不逊色，比如哥白尼和伽利略。在他们变革我们世界观的同时,达芬奇则致力于更好地观察世界……

因为达芬奇身上最为出众的一点,便是目光:他于1452年出生在佛罗伦萨共和国的领地芬奇镇,13岁进入安德烈亚·韦罗基奥(Andrea Verrocchio)的画室,开始训练、磨砺自己。随后,他作为画家,成为享有盛誉的圣路加行会(la Guilde de Saint-Luc)的成员。在这位解剖学及切分狂热者身上,眼与手密切相连,正如他的画作所展现的那样。对于手法别具一格的达芬奇,帕特里克·布舍龙(Patrick Boucheron)和克劳迪奥·焦尔焦内(Claudio Giorgione)在近期一部作品《莱奥纳尔多·达芬奇:自然与发明》(*Léonard de Vinci, la nature et l'invention*)中称赞道:"达芬奇画的不是他所见之物,而是他对所见之物的理解。"无可比拟的才华很快令他赢得为当时不少大人物效命的机会:卢多维科·斯福尔扎(Ludovic Sforza)(米兰)、切萨雷·博尔贾(César Borgia)(罗马)以及1516年至1519年达芬奇生命最后三年所效命的弗朗索瓦一世(François I)(昂布瓦兹[Amboise])。后来,正是在那里,这位法国国王买下了达芬奇的名作《蒙娜丽莎》,因为他深深着迷于那谜一般的微笑,还有那注视着万千仰慕者的神秘目光……

另见

生体模仿学(未来)

1454年
印刷术

谷登堡（Gutenberg）于15世纪中叶印刷的“拉丁文42行《圣经》”是普遍史（l’histoire universelle）的一个重大里程碑。

和大家通常的想法相反，印刷术的原理并不是约翰内斯·谷登堡（约1400—1468年）发现的，中国的雕版印刷术比这还要早约一千年：刻好的木版（希腊文为*xylon*）被涂上墨，用以印制图画及文本。这一繁琐的过程导致呈现结果参差不齐，即便技艺精湛的工匠对此也束手无策。这项工艺在远东地区广泛使用，至少持续到18世纪。

1450年后，谷登堡带来的伟大革新是活字的使用。这些字母用金属制成，并被编排为一整张书页。尤其是，因为它们可以互相替换，所以这一方法比此前的方法更加方便：一旦错印，无需重新刻版，只要替换错误的字母即可！谷登堡正是以这种方式印制了最早的书，其中便有“B42”，即“拉丁文42行《圣经》”——这也还是让他花了不止三年。所以，随着这部著名的《谷登堡圣经》印刷成书，1454年（或书内标记的1455年）标志着西方乃至人类历史上的一次突变。不过，这位德国发明家何以引发如此颠覆？这一问题非常复杂，且谷登堡生平资料缺乏，鲜为人知。可以肯定的是，印刷术的起源将持续引发探讨……

谷登堡14世纪末生于美因茨（Mayence），在这个当时以精密冶金工业闻名的地区学习金银器制造。1430年左右，他因政治动乱逃往斯特拉斯堡，并在那里建起作坊，制造金属镜子。他似乎在那时就已对机械印刷颇感兴趣，因为他意识到了它的无穷潜力：在修道院内制作而成的手抄本，以及12世纪后愈发常见的由世俗作坊制作的手抄本，不再能满足一个人口更多、更加富裕且受教育水平更高的社会的需求。为筹集所需资金，谷登堡不惜高筑债台：历史学家们对此确信无疑，因为他们掌握了后来谷登堡和其主要资助人、美因茨商人、银行家约翰·富斯特（Johann Fust）之间的诉讼记录。

其实，活字印刷术并未如其发明者所愿迅速获得成功，谷登堡在生命最后几年一直潦倒穷困。一个改变世界的人，却落魄而终！

另见

镜子（公元前6000年）
金属（公元前4000年）
墨（公元前3200年）
纸（105年）

第四章　近代

公认的"近代"指的是16、17和18世纪。这一时期的发明史，或可被视为一部革命史……前提是先对"革命"（la révolution）一词的含义达成共识！原因在于，并非所有革命都是政治革命，同样，并不是每一场革命都标志着与先前秩序的决然割裂（有时会以某个特定事件为标识）：譬如在天文学语境中，"la révolution"就表示公转，而并不指涉1789年7月14日或1917年10月25日发生的事情……

首先，科学革命。这一表达方式在1930年代末和1960年代初分别因亚历山大·柯瓦雷（Alexandre Koyré）的《伽利略研究》（*Etudes galiléennes*）和托马斯·库恩（Thomas Kuhn）的《科学革命的结构》（*La structure des révolutions scientifiques*）而为人所知。诚然，历史学家们数十年来已重新审视自哥白尼至牛顿的这两个世纪，并重新思考对于加斯东·巴什拉（Gaston Bachelard）而言十分重要的"认识论障碍"（obstacle épistémologique）及"断裂"

(rupture)的概念，但他们也并未低估此后尤其在欧洲出现的科学观念及科学实践的变革浪潮。这一点也体现在当时的主要发明中：显微镜、望远镜、气泵、计算器以及温度计、气压计和经线仪等测量工具，都同时参与了科学史和技术史的进程。

接下来是工业革命。这是一个更加古老的词语，通常认为该词由法国经济学家奥古斯特·布朗基(Auguste Blanqui)在1830年代提出。工业革命的苗头最早出现在18世纪左右。照此观点，1687年德尼·帕潘(Denis Papin)提出的蒸汽机构想和1763年詹姆斯·瓦特(James Watt)对蒸汽机的完善确实是工业革命的标志性事件，但在这场漫长革命中，也不乏织布机、轧棉机等另一些装置，以及汽车和电池方面的初步探索——这似乎早已预示了围绕石油和电力的下一次工业革命。

要找到贯穿每场革命的线索，答案或许早已出现在1637年的《谈谈方法》(*Discours de la méthode*)中。在这部著作中，勒内·笛卡尔(René Descartes)强调，人类应通过"认识火、水、空气、星辰、天空以及我们周围一切物体的力量和作用"并对其加以利用，最终"成为自然的主人和拥有者"……

1526—1585年
塔基丁

身为科学家和建筑师的塔基丁建造了伊斯兰世界最大但存续时间最短的天文台。

塔基丁（Taqi al-Din Muhammad ibn Ma'ruf ash-Shami al-Asadi）1526年出生于大马士革，最初学习神学，后对精确科学产生兴趣。为进行研究工作，他来到开罗，并在25岁时发表作品《精神机器的卓越方法》(*Les méthodes sublimes des machines spirituelles*)。这本书描绘了多种杰出装置，其中包括需要不同种类能量的水泵。因在蒸汽使用方面的出众才能，塔基丁不仅被视作亚历山大港的希罗的后世继承者之一，而且也是带有汽缸和活塞的发动机的开拓者。这位青年科学家在光学领域也成就斐然，《塔基丁光学之书》(*Livre d'optique de Taqi al-Din*)令他声名显赫。

1570年代初，苏丹塞利姆二世（Selim II）邀请塔基丁到伊斯坦布尔，担任自己的天文学顾问。此时的奥斯曼帝国刚刚经历了苏莱曼大帝（Soliman le Magnifique）的统治，正处于鼎盛时期：兵锋曾直达维也纳城下，并征服突尼斯、也门和塞浦路斯。同时，奥斯曼军队也第一次吃到了败仗，尤其是1571年的勒班陀（Lépante）战役。在这场战役中，教皇庇护五世（le pape Pie V）召集西班牙、威尼斯、热那亚和教皇国舰队组成的“神圣同盟”，一举击溃了土耳其舰队。1574年塞利姆二世去世后，塔基丁继续在塞利姆二世的继任者穆拉德三世（Mourad III）身边留任。他一边在加拉塔塔（la Tour de Galata）顶潜心研究，一边设法说服苏丹建造一个新的天文台，以取代兀鲁伯（Ulugh Beg）在前一个世纪初命人在撒马尔罕建造的天文台。

1570年代中期，建造工程在金角湾北岸的托普哈内区（le quartier de Tophane）动工。塔基丁的天文学、光学及机械知识，让他能够以一己之力建造出一部分装备，尤其值得一提的是高精度钟表的发明。这座伊斯兰世界最大的新天文台，常与第谷·布拉赫（Tycho Brahe）在同一时期建于丹麦乌拉尼堡（Uraniborg）的天文台相提并论。塔基丁也得以在这座新天文台中，和自己的丹麦同仁同时观测到1577年“人彗星”的经过。然而，1579年，穆拉德三世作出了关闭这一天文台的决定，并于次年将其拆毁。此事原因仍扑朔迷离：一些历史学家认为是由于宗教对立，但这并不具说服力；另一些人则称是政治紧张局势所致，而遗憾的是此种说法也缺乏证据。尽管如此，塔基丁还是保留了自己的这一爱好，始终致力于研究工作，直至1585年去世。

另见

钟表（1300年）
望远镜（1608年）

1597年
温度计

不少人都声称自己是温度计的发明者。不过，关于这一工具的最初想法，则源于伽利略在16世纪末进行的一项实验。

温度计是谁发明的？伽利略无疑是最佳人选：他很可能通过实验发现气体会热胀冷缩，从而发明了一个“测温器”（un « thermoscope »）——一根细长管的上端是装有水的玻璃泡，管中液柱达到的刻度即指示气温……按照伽利略的弟子温琴佐·维维亚尼（Vincenzo Viviani）的说法，这一装置大约在1597年问世，这一时间也在数学家贝内代托·卡斯泰利（Benedetto Castelli）1638年9月20日的一封信函中得到印证。然而，历史学家们对此仍争论不休：他们掌握的资料（通常是二手的，因而不够可靠）也足以支持其他人选。

很难得知伽利略是否在发现物理特性后最终实际制造出了相关装置。“气温计”（le « thermomètre à air »）之父也完全可能另有其人：桑克托留斯（Sanctorius）医生（1561—1636年），他曾于1608年描述过一种对温度敏感且带有刻度的仪器；或者巴尔托洛梅奥·泰利乌克斯（Bartolomeo Telioux），他在自己1611年出版于罗马的著作《奇妙的数学》（*Mathematica Maravigliosa*）中，曾提到“一个由两个小玻璃瓶组成的仪器，根据分度指示便可知天气的冷热变化”。但是，有一点对泰利乌克斯一说的捍卫者们极其不利：除了有隐约线索指向奥尔良大学法学博士、梯也尔圣热内斯教堂（Eglise Saint-Genès de Thiers）议事司铎巴泰勒米·泰利乌克斯（Barthélémy Thelioux）外，他们支持的这个人物早已被历史彻底遗忘！

不过，这些最早的仪器有一个致命缺陷：由于与流动的空气直接接触，它们对气压过于敏感。气压不仅会随地点变化而变化——布莱兹·帕斯卡（Blaise Pascal）后来证明海拔高度不同，气压也不同——在同一地点也会因气象状况不同而有所差异（这要等到气压计发明之后才能发现）。说到底，真正的温度计之父难道不应该是第一个想到要发明这一装置的人吗？如果真是这样，应该到1640年代托斯卡纳大公斐迪南二世（Ferdinand II）的身边寻找答案。因为最早的不受周围空气和气压影响的装置，正诞生于佛罗伦萨的皮蒂宫（le Palais Pittti）。这些装置内的液体一开始是水，后来是酒精，很快，德国科学器材制造者丹尼尔·华伦海特（Daniel Fahrenheit）在18世纪初根据天文学家埃德蒙·哈雷（Edmund Halley）的建议制造出装有汞（即“水银”）的温度计。此后，由于最早的温度计温标精度不高且使用不便，瑞典天文学家安德斯·摄尔修斯（Anders Celsius）于1742年仿照华氏温标提出了基于水的冰点（0℃）和沸点（100℃）这一后来被发扬光大的表示方法。

另见

气压计（1643年）

（图4-1 大约在1760—1770年间生产的温度计）

1600年
显微镜

1600年起,显微镜的发明开启了人眼未尝领略过的新世界的大门。

显微镜的发明和与之密切相关的望远镜的发明一样,都是人类思维之迂回曲折的极佳例证,并引人探寻“进步”的发展演变甚至这一概念本身。早在公元前300年左右,以欧几里得为代表的古希腊人就在光学领域进行过深入观察。该领域的一些问题也在罗马被提及和扩展:塞内加在《自然问题》(*Questions naturelles*)中就曾描述,当透过一个装满水的玻璃球来观察字母时,原本较小的字母看上去会变大。不过,塞内加并未发明眼镜(眼镜诞生于十二个世纪以后),也未发明显微镜(显微镜的出现比眼镜还要再晚三个世纪)。我们当然不会据此认为这位斯多葛学派哲学家是十足愚钝之人,这是因为此类发现通常都与特定背景及一长串条件相关,而人们对其中的复杂性和偶然性一无所知。

但最早的显微镜确实诞生于16世纪末。人们想到可以叠放使用两组透镜,物镜用来产生放大倒立的实像,目镜用来使人眼观察到这一实像。这一想法究竟源自于谁?有好几种可能性:汉斯·詹森(Hans Janssen)及扎哈里亚斯·詹森(Zacharias Janssen)父子、汉斯·利伯希(Hans Lippershey)或雅各布·梅修斯(Jacob

Metius)。他们是同行，也是同胞，都生活在同一时期——因为（几乎）可以确定的是，显微镜是由一位荷兰的眼镜制造商在1600年左右发明的。

最古老的书面记载则出现在稍晚之后：最早的是外交官、诗人康斯坦丁·惠更斯（Constantin Huygens）1622年3月30日发自伦敦的一封信函，他在其中告知父母自己刚刚得到一副“德雷贝尔眼镜”（une « lunette de Drebbel »，按：信中即为法文）。要知道，这位科内柳斯·德雷贝尔（Cornelius Drebbel）先生也是一位来自荷兰的眼镜制造商，他刚刚定居英国，在那里装配并销售科学器材；而前面提到的那位惠更斯先生就是几年后出生的伟大天文学家克里斯蒂安·惠更斯（Christiaan Huygens）的父亲！这个圈子也太小了！此后，科学家们借助显微镜进入了一个此前未曾涉足的世界，新的杰作也随着《显微图谱》(*Micrographia*)的问世而不断涌现。其作者罗伯特·胡克（Robert Hooke）是首个观察到苍蝇眼睛的人（这无疑是一场真正的革命），也是首个使用对生物学家们意义重大的“细胞”（« cellule »）这一说法的人……

另见

眼镜（1300年）

望远镜（1608年）

（图4-2 大约在1750年制成的显微镜，有研究者认为它是被专门献给法王路易十五的）

1608年
望远镜

1608年，望远镜在荷兰眼镜制造商的圈子中诞生。它给人类上了沉重的一课：我们并不是宇宙的中心！

说到望远镜的起源，就不得不先打破一个固有观念：望远镜并不是伽利略发明的！只需读一读他1610年3月的《星际信使》（*Sidereus Nuncius*）便会对此确信无疑："十个月前，获悉某位比利时人制造了一种远景镜，能让距离观察者眼睛非常遥远的物体也都能像在眼前一样清晰可辨。"就这样，伽利略为历史学家们提供了一条线索。后来证明，这已十分接近真相。这位"比利时人"其实是荷兰人，而且，和确定显微镜的发明者时面临的情况一样，三位眼镜制造商似乎都有可能是望远镜的发明者：居住在米德尔堡（Middelbourg）的汉斯·利伯希，曾于1608年9月向泽兰省（Zélande）省长展示过一个这样的装置；来自同一个城市的扎哈里亚斯·詹森，很有可能在同一时间在法兰克福的展览会上销售过观察器具；一个月后，来自阿尔克马尔（Alkmaar）的雅各布·梅修斯获得了官方专利申请证明……总而言之，有一点是可以肯定的：望远镜1608年诞生在荷兰！

显然，这项发明并非从天而降。"入围者"是三位同行，这本身也证明望远镜确实是应运而生。一些透镜的放大效果早在古代就得到了证实（特别是塞内加在《自然问题》中的发现）。随后，这方面的研究在欧洲及欧洲以外的地方展开，尤其见于伊本·海什木1000年左右的光学著作中。三个世纪后，眼镜在意大利问世……所以，怎么能说17世纪初为增强透镜的放大效果而将几个透镜组合使用的尝试是集体性的且是完全偶然的呢？事实上，透镜制造自16世纪末以来取得了巨大进展，镜片的透明度也得到了加强。此前无甚效果的组合使用也终于被提上日程：一片透镜将光线聚于“焦点”，另一片更小的透镜则作为放大镜，用来观察所成的像……很快，人们发明了“望远镜”（« télescope »）一词。它由两个来自希腊文的词根构成：表示“远”的“télé”和表示“观察”的“scope”。在法文中，通常会区分“la lunette astronomique”（折射望远镜）和“le télescope”，因为后者是用反射镜汇聚光线的。

那么，伽利略在其中又扮演什么角色呢？他可谓劳苦功高：1610年，伽利略利用自己发明的一台折射望远镜，发现木星周围环绕着卫星，且地球并非所有天体运动的中心！不过，这又是另外一个故事了……

另见

伊本·海什木（965—1040年）
眼镜（1300年）
显微镜（1600年）

（图4-3 法国人亚伯拉罕·博斯[Abraham Bosse，1602—1676年]表现五种官能的系列作品之一《视觉》，画面右侧有正在使用望远镜的人物）

（图4-4 英国艺术家威廉 · 霍加斯[William Hogarth，1697—1764年]的作品，画中人物正在用望远镜观察风筝）

1642年
计算器

可以肯定地说，计算器这一发明"非常法国"。证据：1642年，计算器为优化税收而生……

再怎么鼓吹钻研和学习的好处也是徒劳：一些人在数学上永远不得要领，而另一些人似乎被老天眷顾，生来精通于此。1623年生于奥弗涅（Auvergne）克莱蒙（Clermont）穿袍贵族（la noblesse de robe）家庭的布莱兹·帕斯卡便属于后一种情况。当然，他一生中的传奇与真相常常相互交织。保罗·瓦莱里（Paul Valéry）曾预言，"人们在他身上着墨甚多，对他充满想象，并且狂热地认为他成为了一个悲剧人物"。因此，他的一些生平事迹仍颇有疑点：他真的在12岁时独立发现了欧几里得《几何原本》中的定理吗？另一些故事倒是已被证实，比如：他在16岁时写出《论圆锥曲线》（*Essay pour les coniques*），并在三年之后发明了第一台机械计算器"帕斯卡加法器"（la « Pascaline »）。

1639年，这位少年奇才的父亲艾蒂安·帕斯卡（Etienne Pascal）被委任为诺曼底总督的征税官——这是个有利可图但枯燥乏味的差事。三岁丧母的少年帕斯卡，因不忍看到父亲终日在数字中挣扎，决定制造一台计算器来帮父亲免除一部分劳役之苦。第一台机器于1642年制成，每个数位都由齿轮系统控制，可以计算待收税款总额。为解决进位问题这一主要难点，采用了一个棘轮装置：个位、十位、百位等其他数位上的齿轮一转到9，就会作用于前一个数位，所以9+1就不是0而是10，99+1就不是90而是100，以此类推。直到现在，很多器具都还在从帕斯卡发明的这一原理中汲取灵感，比如被电子装置取代前的车辆里程表。

但是，税额不仅需要相加，还经常需要相乘！有时也需要相减甚至相除（虽然在纳税人的记忆中这比较少见）……随后几代的帕斯卡加法器考虑到了所有这些运算：减法采用被减数加上减数补数的方法；乘法稍复杂，需要进行一系列加法；除法则更复杂一些，要进行一系列乘法和减法。1645年，帕斯卡将自己发明这台“不用笔和筹码，通过设定的机制进行所有类型运算”的机器献给了皮埃尔·塞吉埃（Pierre Séguier）。送给法国首席大法官的这台机器今藏于巴黎工艺博物馆（le Musée des Arts et Métiers）。

另见

计算机（1936年）

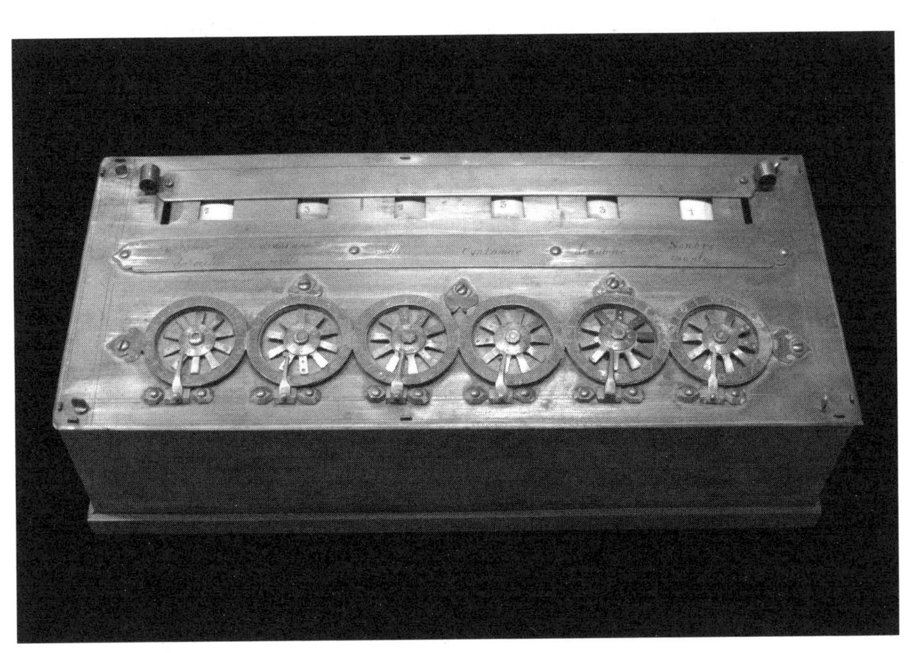

（图4-5 计算器）

1643年
气压计

有些发明的诞生过程极富传奇色彩，气压计便是如此。关于它的故事还要从1643年佛罗伦萨喷泉的抽水难题说起……

气压计的历史起源于阿尔诺(Arno)河畔的佛罗伦萨。那里的技师无论怎么努力，抽水泵也只能把河水抽到某一特定高度(接近现在的十几米)。1640年代初，城中最杰出的科学家伽利略奉命破解这一谜团。只可惜，此时的他已步入生命的黄昏：伽利略于1642年离世，留下了这一未解难题。不过，他的一位弟子埃万杰利斯塔·托里拆利(Evangelista Torricelli，1608—1647年)从老师手中接过接力棒，提出了一个惊人的假设：是空气的压力导致水无法上升至更高的高度！空气难道也有重量？是的，对托里拆利而言确实如此。他认为："我们生活在茫茫无边的空气之中，且无可辩驳的实验证明了空气确实具有重量。"

1643年，托里拆利进行的几次"无可辩驳的实验"证明了他的才华。他并未花费力气造出巨大的水柱，而是选用水银(即汞)来做实验——它的密度是水的十三倍多，能够大大减小设备尺寸。他在一根管中装满水银，堵住管口的同时将其倒置并竖直插入一个同样装满水银的槽中，随后不再封堵管口。他发现，管中的水银并未完全流入水银槽中，而总是保持在某一高度（大约76厘米）。这就证明，是空气作用于槽中水银的压力阻止了管中水银流入槽中：空气的重量平衡了汞的重量！托里拆利由此发现了气压计的原理……只是尚未想到如何应用。

几年后，布莱兹·帕斯卡（1623—1662年）迈出了决定性一步。这位法国科学家在获知意大利科学家的研究工作后，在巴黎圣-雅克塔脚下及塔顶重现了这一实验，并于1648年9月19日在姐夫弗洛兰·佩里耶（Florin Périer）的协助下，在位于奥弗涅的克莱蒙-费朗市以及多姆山（le Puy-de-Dôme）上也进行了同样的实验。每一次，托里拆利管中的汞柱高度都会随海拔的升高而降低……"大气重力"（取自帕斯卡论著的题目）由此得到证明。另一项发现也对气象学研究影响深远：同一地点，气压升高，汞柱也会升高，说明天气将转晴变干；汞柱降低，则预示着坏天气的到来。然而，这些极富洞察力的实验者们都忽略了一点：他们在努力测量空气重量的同时，也暴露在汞的有毒挥发物之中。所幸这一问题在现代气压计的制造中已得到解决。

另见

温度计（1597年）

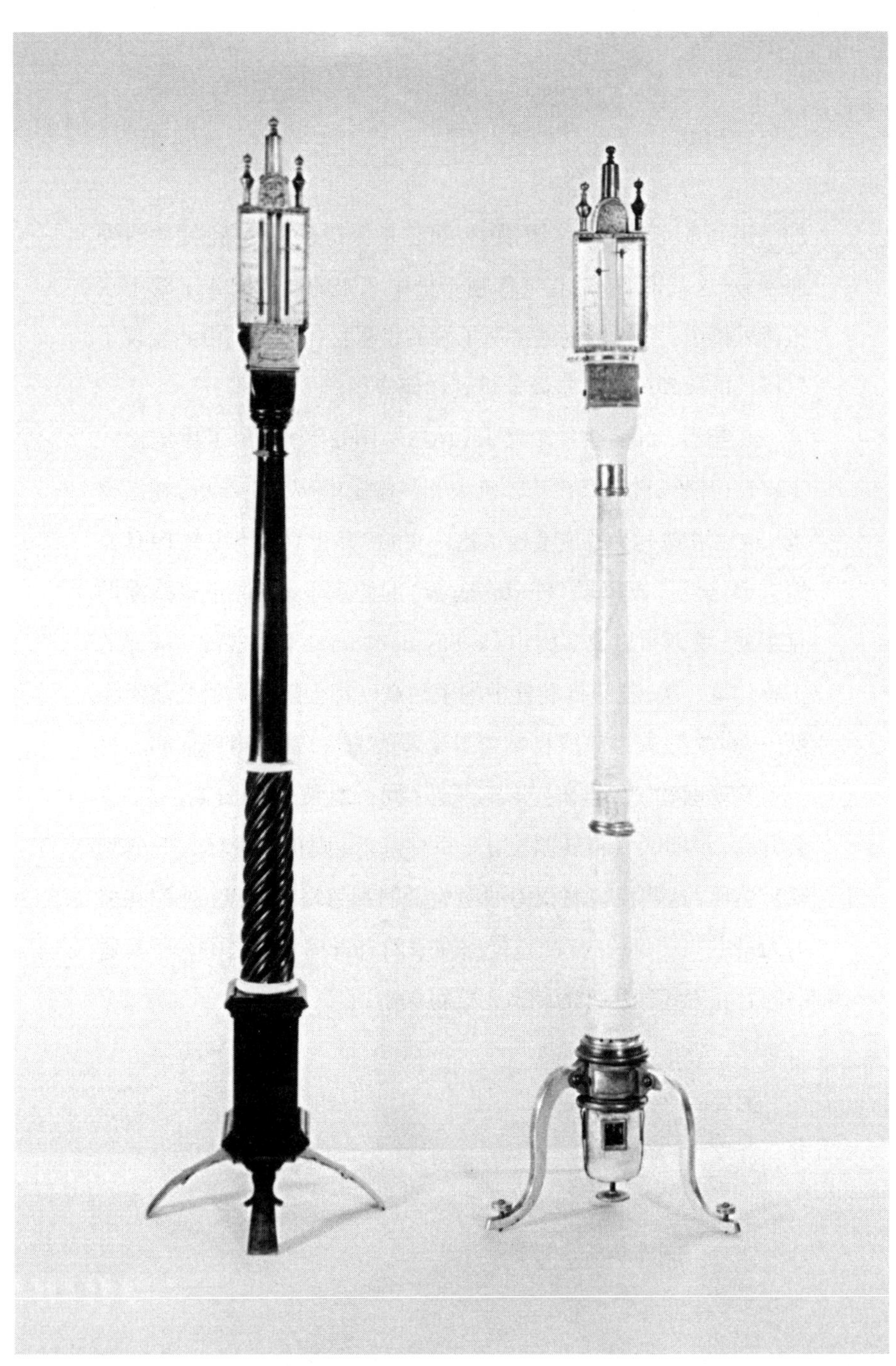

（图4-6 气压计）

1659年

气泵

气泵诞生于17世纪中叶，是西方当时正在进行的“科学革命”的标志性工具之一。

肯定有人会问：在轮胎问世两个多世纪前的1650年代，气泵能有何用？其实，此气泵并非19世纪末以来自行车和汽车装备的彼气泵。它的勃勃雄心在于，为变革中的科学开辟一个全新的实验领域——真空。气泵是17世纪和18世纪“科学革命”的标志之一：虽说“科学革命”这一概念在业内人士当中仍具争议，但它所指的确实是科学实践中一个重大变革的时期。德国人奥托·冯·格里克（Otto von Guericke）在气泵原理研究方面的贡献固然值得一提，但第一台载入史册的气泵装置却是爱尔兰人罗伯特·玻意耳在1659年制造的。一个容量为三十多升的玻璃容器（这是当时玻璃工匠能够实现的最大容量），下方固定着一个带有阀门的铜制部件，该部件又与一个内部带有活塞的气筒相连。随着活塞的运动，上方容器内的空气得以排出。为制造这台气泵，玻意耳发挥了极大的创造力，并在此后进行了诸多改进，以便确保整个装置的密封性。

挑战并不仅仅是技术上的。正如史蒂文·夏平（Steven Shapin）

和西蒙·谢弗(Simon Schaffer)在专门书写科学史上这一关键阶段的著名作品《利维坦与空气泵》(*Léviathan et la pompe à air*)中所说,"这台机器输出事实的能力主要取决于其设计的完备程度,更准确地说,取决于其密封性是否为大众所承认"。通过证明真空的存在,罗伯特·玻意耳捍卫的是一种前所未有的科学观:他"坚信自然哲学中的真知应该是实验的结果,且只有源于实验的事实才能作为自然哲学的基础"。这一观念延续至今,可以说是今日科学之源!不过,当时就有不少知名人士对此进行过猛烈抨击,尤以哲学家托马斯·霍布斯为甚。对他而言,真知在别处,任何实验装置都无法带来足以获得真知的确定性:他在1661年出版的《物理学对话录》(*Dialogus Physicus*)中指出,玻意耳及其拥护者"展示新奇的机器,用来表现他们的真空以及其他一些无用的奇迹,这无异于通过展出异域动物来换取报酬"。和表面上看起来的情况相反,这场论战并非毫无意义。今天,甚至尤其在今天,面对最新科学进展,实验的作用仍值得重新审视……

另见

气压计(1643年)

1687年
蒸汽机

1687年制造出“提水机”的德尼·帕潘可被视为蒸汽机的发明者……但与此相关的争论仍在继续!

蒸汽机通常被认为是历史上最重要的发明之一,是第一次工业革命的开端,但它至今仍被谜团围绕。在层出不穷的论著中,关于蒸汽机发明者的争论似乎从未停歇:即便不提公元1世纪凭借汽转球(l’éolipyle)成功驾驭蒸汽驱动力的亚历山大港的希罗,也会涉及德尼·帕潘、托马斯·纽科门(Thomas Newcomen)和詹姆斯·瓦特……每一位作者即便不是出于自身的沙文主义,也都有自己的论据和倾向。此外,这一装置属于众多“先于科学解释而诞生”的发明之一——直至1824年物理学家萨迪·卡诺(Sadi Carnot)出版《论火的动力》(*Réflexions sur la puissance motrice du feu*),热力学才算开始发展。因此,关于它的起源曾有不少“戏说”:比如声称是一些对此感兴趣的业余爱好者通过不断摸索,最终幸运地歪打正着,达到了目标……而看看他们的背景履历就会明白,这完全是无稽之谈!

德尼·帕潘的职业生涯就是明证:他1647年生于布卢瓦(Blois)附近的小镇希特奈(Chitenay)一个加尔文派家庭,24岁时在法兰西科学院大物理学家惠更斯身边工作，随后去往伦敦，与罗伯特·玻意耳共事，并成为享有盛名的皇家学会（Royal Society）会员。《南特敕令》的废除又让他放弃回法打算去往德国，在马尔堡大学任教。在那里，资助他的是著名数学家莱布尼茨……可以说，因研究真空而声名鹊起的德尼·帕潘，在为黑森公爵（le duc de Hesse）发明蒸汽机时，并非是“天才发明家吉罗”[①]式的人物。正如他写于1687年的论文《新型提水机的说明及使用》（*Description et usage de la nouvelle machine à élever l'eau*）所述，该装置必将改善抽水能力，应该为公爵领地花园内的喷泉和常常被淹的矿井作此装备。这台机器以空气为动力进行往复运动：一个盛有水且通过阀门与空气相连通的竖直汽缸内部装有活塞，水被加热时产生的蒸汽推动活塞向上运动，而当温度下降时，活塞回落。

不过，由于体积较小且尚处于试验阶段，这台远不够完善且燃料消耗量极大的机器很快被弃之不理。尽管如此，它仍是历史上第一台蒸汽机。随后，包括英国的托马斯·纽科门（1712年起）和詹姆斯·瓦特（1763年）在内的众多发明家都曾致力于改进这一机器。

另见

气泵（1659年）

---

① 吉罗（Gyro Gearloose / Géo Trouvetou），卡通动画《米老鼠》系列中的一只山雀发明家。它虽然多产，但却并非总能发明出有用之物。——译注

（图4-7 英国人查尔斯·瑟斯顿·汤普森 [Charles Thurston Thompson] 摄于1855年巴黎世界博览会的照片，有力地展示了钢铁、玻璃建筑和蒸汽机这些“进步的象征”）

1706—1790年
本杰明·富兰克林

本杰明·富兰克林的传者将这一人物一分为二：科学家和政治家。不过，这两个身份却紧密相连……

本杰明·富兰克林（Benjamin Franklin）1706年生于马萨诸塞州的波士顿，他不是法国人。这么说是多此一举吗？不是，因为这位启蒙运动的伟人与伏尔泰的祖国关系密切，并且在法国倍受景仰——而拥有此等待遇的外国人寥寥无几。甚至在今天，对于很多人来说，他仍是“帕西的贤者”（le « Sage de Passy »）：巴黎西边的这座帕西小镇曾是他的住地，后来成为首都的一个区。在那里，仍有以富兰克林的名字命名的道路，以及一座为其诞辰两百周年而建的雕像，下方刻有米拉波（Mirabeau）的题词：“这位天才人物解放了美洲，又向欧洲洒下万丈光芒！”相比之下，他在母国英国可没这等待遇……也难怪，让本杰明·富兰克林名声大噪、首获承认的是他在美国诞生过程中发挥的作用。关于这一主题要说的可就太多了！只需提醒一点：美国所有的建国纲领都可以找到他的名字和痕迹：1776年《独立宣言》、让法国加入反殖民统治战争的1778年条约、同英国签订的承认反抗者胜利的1783年条约，甚或美国的最高法律《1787年宪法》。

本杰明·富兰克林之所以在历史上占有如此重要的地位，部分原因还在于，他在步入政坛、从事外交工作之前，便已名声在外。身为一位做油脂和蜡烛生意的普通商人的孩子，富兰克林通过印刷报纸和出版著名作品《穷理查年鉴》(*Almanach du Bonhomme Richard*)在费城大获成功。1748年，腰缠万贯的富兰克林决定金盆洗手，却遭到母亲的严厉反对。对此，他反驳称，在过世后"我更希望别人说'他是一个有用的人'而不是'他很有钱'"。他在科学中发现了自己的用武之地，尤其在当时风靡大西洋两岸、令科学家和公众都颇为着迷的电这一领域进行了不少实验。1751年，他的首部作品《在美国费城所做的电实验与观察》(*Experiments and Observations on Electricity, made at Philadelphia in America*)问世，其中包含他写给一位伦敦朋友、植物学家彼得·柯林森(Peter Collinson)的信件。1753年，这部著作为他赢得了英国皇家学会的科普利奖章(la médaille Copley)，他本人也在三年后加入了皇家学会。这时的富兰克林已经制造出自己最著名的发明：避雷针。这根与地面相连接的长铁杆能够避免雷雨天气造成的危险甚至致命后果，而被视为"人类恩人"的这一装置的发明者富兰克林，也因此获得了广泛的知名度。杜尔哥(Turgot)——某些资料也称是达朗贝尔(d'Alembert)——有言："他从苍天那里取得了雷电，从暴君那里取得了民权。”在本杰明·富兰克林身上，科学家和政治家这两个身份确实不可分割！

另见

风筝（公元前3000年）
电池（1800年）

1735年
经线仪

经线仪的发明通常被归结为一个名字和一个年份：约翰·哈里森（John Harrison），1735年……但这只是事实的冰山一角！

继古代的漏壶和14世纪的机械钟表后，经线仪也属于时间测量的漫长历史的一部分。不过，虽然经线仪与漏壶及机械钟表一样，都和当时的背景以及技术进步有关，但它也反映了17世纪出现的全新的、纯粹科学的考量。对此，亚历山大·柯瓦雷在《哲学思想史研究》（*Etudes d'histoire de la pensée philosophique*）中指出："制造恰切的时间测量工具，曾经是、也依然是科学发展本身的内在要求。"自从被伽利略视为一个能够通过方程表述的物理学变量以来，时间便成了一个各家必争之学术高地。沿着这位比萨科学家的足迹，法国的马兰·梅森（Marin Mersenne）、意大利的詹巴蒂斯塔·里乔利（Giambattista Riccioli），以及众多其他博学者竞相在这一领域一试身手。1657年，克里斯蒂安·惠更斯作出了重大贡献：他根据新动力学定律，制作出一台有摆自鸣钟。按照这位设计者的说法，这台摆钟"走时均匀，如果携带出海，极可能可以用来确定经度"。

在此，科学遭遇了权力和商业的挑战：这样一台能够记录出发地时间的装置（常称“计时器”，« garde-temps »），确实能够通过将这一时间与在航行中的船只上测得的时间进行对比而计算出经度——这是当时困扰航海者及其资助方的一大难题。不过，这一装置还是太过敏感，尤其会受到不测之风云的影响：即使是极小的温度或气压变化，都足以干扰它的运行和测量结果。为解决经度问题而创建的格林尼治天文台甚至在1675年仍在提倡使用基于月球运动研究的天文学方法。

六十年后，热衷钟表制造的英国细木工匠约翰·哈里森经过无数实验，终于提出了解决方案。在以英国和法国为首的各国巨额悬赏金的鼓励之下，他于1735年制造出第一台经线仪。次年，在搭乘百夫长号（HMS Centurion）和奥福德号（HMS Orford）往返里斯本时，测试了这台重35千克的仪器。它并非完美无瑕，在后来的几十年中，英吉利海峡两岸的科学家们都对其进行了改进。因此，当著名的詹姆斯·库克（James Cook）1772年第二次南下远航探索时，他所使用的已经是一台绝对可靠的仪器了……

另见

漏壶（公元前1500年）

钟表（1300年）

（图4-8 经线仪）

1752—1834年

约瑟夫-玛丽·雅卡尔

如果只能列举工业革命时期的一位法国发明家，雅卡尔应该会以压倒性优势获得提名。但是，他的金色传奇背后还有许多不为人知的秘密……

查阅几本人物生平词典中的“雅卡尔”词条便会发现，它们总是在重复同一个故事。约瑟夫-玛丽·夏尔，即雅卡尔（Joseph-Marie Jacquard，1752—1834年），是里昂一名普通织工之子。他凭借自身所掌握的有关繁重丝织劳动的知识，在19世纪初制造出了一台半自动提花织布机。这台织布机通过穿孔卡片预先选择经纱线，可由一位工人独立操作，而此前的机器则需要由两人同时操作。后来，雅卡尔终其一生都在里昂丝绸工人中推广这一革命性的机器，不过工人们却坚决抵制这项威胁到自己饭碗的发明。

然而，这一理想化的描述中却充斥着错误和语焉不详之处。这些传奇故事都是在雅卡尔过世后所作，在整个19世纪以及此后的所有不同政体下都得到了广泛传播。1864年，第二帝国时期，拉马丁（Alphonse de Lamartine）在《雅卡尔和谷登堡》（*Jacquard et Gutenberg*）中称雅卡尔同时是“工人中的危险分子和模范人物”；1877年，《两小儿环法之旅》(*Le Tour de la France par deux enfants*)这部不朽教材也同样称其为年轻的第三共和国“所有劳动者的榜样”。但是，雅卡尔并非这些作品中描述的出身卑微的工人。作为织工长之子，他接受的是装订工的学徒教育。更糟糕的是，这些作品在谈到险些危及雅卡尔生命（工人们甚至试图将他丢进罗讷河中）、导致其第一台机器惨遭毁灭的里昂织工对此项发明的拒斥时，除了夸大其词外，还掩盖了一个更加微妙的问题：他最早的一批机器根本就无法使用，或者并不好用，因而也并不可靠，这对于织工们而言，确实经济风险过大。这样看来，金色传奇的可信度怕是要大打折扣……

这一机器的普及和成功，还得益于另一位技工让-安托万·布勒东（Jean-Antoine Breton）对穿孔卡片制作技艺的改进。那么雅卡尔的功劳是什么呢？毫无疑问，就是将雅克·沃康松（Jacques Vaucanson）等在18世纪提出的织布操作工序进行简化并将其综合应用于一台自己首创的机器上。正是这台后经完善的机器，让雅卡尔的名字永留青史……

另见

衣服（19万年前）
轧棉机（1793年）

1769年

汽车

人们通常认为汽车出现在1880年代，但似乎忘记了一项诞生于1769年的发明。是时候让它重见天日了。

先来看两组数字：1900年法国有2 000辆汽车，而汽车制造商的数据显示，今天这一数字已接近4 000万……很少有发明能够取得这样的成功！我们也得承认，在功能性、实用性之外，汽车还承载着人们的激情和幻想：它既是交通工具，也是满足虚荣和炫耀心理之物。因此，有两个国家一直在为汽车起源争论不休，也就不足为奇了。何况这已不是它们之间的第一个分歧！

这两个国家一个是德国，一个是法国。在这场血雨腥风的较量中，双方各有致胜绝招。德国拥有1885年第一辆汽油动力轻型车，其设计者卡尔·本茨（Carl Benz）将在未来声名远扬。而法国则手握企业家爱德华·德拉马尔-德布特维尔（Edouard Delamare-Deboutteville）1884年2月12日的一项专利申请：那是一个与德国汽车类似的装置，不过是由一个双气缸发动机驱动的。这一次，法国人爆冷赢得了胜利。但是，这位法国发明者并未推进自己在这一领域的研究。虽说他的专利申请时间更早（卡尔·本茨1886年1月26日才递交自己的专利申请），但双方发明的诞生时间却在莱茵河两岸引发了无数论战。

不过,双方应该都会同意岔开来谈一下“汽车”(l’automobile,德文为“das Automobil”,也是由“Auto”所构成)一词的词源,虽然这会对德国人不利:从字面上讲,它是指一个不依靠人力、动物力或风力等物理外力便可以“自行驱动”的机器。这样说来,另一项发明也符合这一特点,那就是军事工程师约瑟夫·屈尼奥(Joseph Cugnot)1769年发明的用于运输重物的“平板车”。其实,屈尼奥是奉火炮专家、格里博瓦尔(Jean-Baptiste de Gribeauval)之命,制造了这台蒸汽驱动、用来运送大炮的机器。当然了,结果并未十分让人满意:这辆车1770年在巴黎试驾,速度仅勉强达到4公里/时,只开了十几分钟便终止了行程。此外,约瑟夫·屈尼奥再也未能继续实验:他很快就失去了格里博瓦尔将军的支持,而将军本人在自己的保护伞舒瓦瑟尔侯爵(le marquis de Choiseul)失宠后,也被迫回到自己的老家皮卡第。但“屈尼奥平板车”的的确确是自驱的!总之,在这一问题上法国占据优势,比德国早了至少一个世纪……不过,从目前大约二十亿辆车对环境造成的负面影响的角度来看,我们真的赢了吗?

另见

蒸汽机(1687年)

（图4-9 屈尼奥平板车）

1783年
热气球

1783年，对既有科学定论一无所知的蒙戈尔菲耶（Montgolfier）兄弟开启了气球的伟大冒险……

1780年，物理学家夏尔-奥古斯丁·库仑（Charles-Augustin de Coulomb）向法兰西科学院提交了一篇关于空中航行问题的论文，其中分析了鸟类的飞行。这篇论文最终得出了一个再清晰不过的结论，孔多塞（Nicolas de Condorcet）和加斯帕尔·蒙日（Gaspard Monge）也对这一结论的有效性进行了确认：作者在进行了大量的学术计算后指出，“人类所有想要飞上天空的尝试都不会成功”，只有“愚人才会这么做”。

然而，就在巴黎400公里外（鸟类飞行距离）的维瓦赖（Vivarais）地区，来自阿诺奈（Annonay）的雅克·艾蒂安·蒙戈尔菲耶（Jacques Etienne Montgolfier）和约瑟夫·米歇尔·蒙戈尔菲耶（Joseph Michel Montgolfier）兄弟则对科学界作出的“不可能”定论一无所知。两兄弟出身造纸商世家，畅想人类完全可以借助充满热气的气球飞上天空。关于这一想法的起源有诸多传说，有最诗意的——他们是在观察云朵时有了这个想法，也有最粗鄙的——他们或许因看到晾在炉子上的一件内衣缓缓升起而倍感惊奇！在设计工作之初，这两位严肃认真的科学发烧友应该研读了不少化学著作，比如英国化学家约瑟夫·普里斯特利（Joseph Priestley）和法国化学家安托万·拉瓦锡（Antoine Lavoisier）关于气体的论著……

1783年6月4日，蒙戈尔菲耶兄弟将阿诺奈的居民召集在一起，进行了一次公开演示。一个由棉与纸制成的气球，下方用火加热，升至几百米的高空并在十几分钟内飞行了2.5公里。这一事件引起了巨大轰动，维瓦赖议会成员甚至因此质询了科学院。1783年8月27日，物理学家雅克·夏尔（Jacques Charles）试图在巴黎重现这一壮举。在缺乏关于蒙戈尔菲耶兄弟之装置细节的情况下，他仅用了一种“可燃气体”——这种气体当时刚刚为人类所知，后被拉瓦锡命名为氢气。这只被充满氢气的气球从战神广场以令人晕眩的速度升空，随后在高空中撕裂，并于45分钟后在巴黎北部坠毁。那里的农民惊恐万状，将这一从天而降的怪物撕成碎片，并以胜利者的姿态拖着它横穿戈内斯（Gonesse）村。

1783年9月19日，被召至凡尔赛的蒙戈尔菲耶兄弟又一次进行了热气球飞行展示。观众席中不仅有王室成员，还有前来就美国独立战争结果进行谈判的本杰明·富兰克林等一众外交人员。热气球上还挂着一只笼子，里面关着一只鸭、一只公鸡和一只羊。它们安然无恙地完成了飞行，并最终被一位打算继续这场气球冒险的青年科学家发现于沃克莱松（Vaucresson）。这个人就是让-弗朗索瓦·皮拉特尔·德罗齐耶(Jean-François Pilâtre de Rozier)……

另见

风筝(公元前3000年)

莱奥纳尔多·达芬奇(1452—1519年)

本杰明·富兰克林(1706—1790年)

飞机(1890年)

1788年

漂白剂

漂白剂(l'eau de Javel,“雅韦尔水”)1788年由克洛德-路易·贝尔托莱(Claude-Louis Berthollet)发明。它得名自巴黎不远处的一个村庄,这一村庄后来成为巴黎的一个区。

既有消毒能力又有漂白功能的漂白剂,早已成为我们日常生活中司空见惯的物品,在家庭、工作或医疗等领域都有着广泛应用。原因大家都知道:它能杀菌、杀霉,还是一种带有剧毒的杀孢子剂,没有什么能逃得过它!从某种程度上而言,大概只有人类除外:漂白剂的身影其实也出现在自来水处理领域。在法国,氯化剂的用量可达到每升水0.2毫克,几乎是纽约等城市的十倍。氯化剂的气味非但没有吓退消费者,反而让他们确信自己喝下的水纯净卫生。这当然是个见仁见智的问题……虽然世界卫生组织的建议是不超过5毫克。不过,这个神奇的产品到底是从哪儿来的呢?

这一发明要归功于克洛德-路易·贝尔托莱。他1748年出生于萨瓦(Savoie)公国,在都灵大学获医学博士学位并于1772年定居巴黎。在奥尔良公爵的赞助下,他得以拥有一间个人实验室。安托万·拉瓦锡、加斯帕尔·蒙日、植物园的皮埃尔-约瑟夫·马凯(Pierre-Joseph Macquer)、医学院的让-巴蒂斯特·比凯(Jean-Baptiste Bucquet)等著名科学家的频繁探访很快让贝尔托莱出了名。他的科研成果得到法兰西科学院的赞赏,并为他赢得了这一久负盛名的机构的准入证。1784年成为戈布兰皇家制造厂(la manufacture royale des Gobelins)染料主管的贝尔托莱对氯气颇有兴趣:这一气体在十年前由瑞典人卡尔·威廉·舍勒(Carl Wilhelm Scheele)发现并命名为“脱燃素的盐酸气”,而贝尔托莱则称之为“含氧盐酸”。他研究了其脱色特性,并于1788年发明了“贝尔托莱液”,这种溶液后来被证实对漂白布料和织物具有宝贵作用。“2.5盎司盐、2盎司硫酸、0.75盎司氧化锰,之后在充满所产生气体的瓶中加入1升水和5盎司苛性钾让其溶解。”

同年,这种溶液开始在阿尔图瓦伯爵(le comte d'Artois)所建的制造厂生产。这座位于雅韦尔磨坊(le moulin de Javel)附近的制造厂坐落于巴黎塞纳河下游河畔一个同名村落。根据1788年12月29日《巴黎日报》(*Journal de Paris*)上的一则消息,这一产品在当时便已不再具其发明者之名,“雅韦尔洗涤剂”能够“在二十四至三十小时内漂白纱布和棉布、棉线以及线卷,只需将水与洗涤剂按八比一的比例混合,放入有待漂白的物品并每小时进行搅动即可”。

另见

蒸馏器(700年)

1792年

断头台

这是大革命时期最著名的发明，也是最致命和存续时间最久的发明，直至法国取消死刑。

有一些发明注定与它们的发明者紧密相连，因被赋予的名字或发明过程而流传后世。这样的例子不胜枚举：维可牢（velcro）搭扣、巴氏灭菌法、垃圾箱等，其中最著名的非断头台（La Guillotine）莫属。它真的是最佳范例吗？也不一定。在断头台一例中，存在两点甚至三点矛盾。首先，解剖学教授约瑟夫·伊尼亚斯·吉约坦（Joseph Ignacc Guillotin，1738—1814年）并非断头台的发明者，而是"幕后主使"。1789年12月1日，这位第三等级的议员要求修改《刑法》，提倡一种比当时广泛采用的行刑方式更加文明的新办法。这件事意义重大。他的这一建议主张："对法律宣布被告死刑的一切案件而言，无论使被告被判有罪的违法行为的性质如何，痛苦都应是相同的。罪犯应被斩首；应由统一的装置来执行。"人人平等，在死刑执行问题上也不例外！

关于这一装置，吉约坦已有明确的想法。他从爱尔兰、苏格兰和意大利等多个地区使用的不同装置中吸取灵感。作为负责人，他找来外科医生兼生理学教授安德烈·路易（André Louis），后者设计了这一机器并给出了详细的制造建议。1792年4月，终于在一名普通法罪犯身上首次使用了这一机器。有段时间人们用设计者的名字命名这台机器，称之为“路易机”（“la louisette”，“la louison”），但后来很快借用了让它名声大噪之人的名字，称之为“吉约坦机”。

不过，吉约坦医生（以及他的同行们）并不希望他的姓氏与这一机器联系在一起，这也是第二点矛盾。最后一点矛盾便是，虽然断头台的制造使用是基于议员吉约坦的人道主义愿望——找到人人适用的统一、一致的行刑方式，让死亡既无痛苦也不似一场表演——但必须承认，在集体想象中，断头台已成为革命专制的象征。这台不知疲倦的死刑执行机器，仅在“恐怖统治”时期便已造成近17 000名受害者：“国家大剃刀”、“寡妇”这些词不可避免地与这一机器的发明者联系在了一起。维克多·雨果在《文学与哲学论文集》（*Littérature et philosophie mêlées*）中说得好：“有些人很不幸。克里斯托夫·哥伦布无法让自己的名字和自己的发现相连；吉约坦无法将自己的名字从自己的发明上抹去……”

另见

金属（公元前4000年）

1793年

轧棉机

轧棉机是一个典型的充满矛盾的发明：这一诞生于1793年的机器为美国所有地区带来了财富，却奴役了一整个族裔。

棉在织物中的使用由来已久；由于世界上的棉花种类繁多，这一做法也得到了广泛推行。考古学家们发现的衣服残片足以证明，在至少8 000年前的印度河谷和7 200年前的墨西哥，就已出现棉的身影。然而，棉花在欧洲取得成功则是更晚近的事情。虽然希罗多德曾提到过这些在印度“野蛮生长的树”，“它们的果实是一种比羊毛更上乘、更美丽的绒毛”，但一直到7世纪阿拉伯人征服欧洲，棉才首次得到广泛普及。此后，特别是在15世纪末瓦斯科·达伽马开辟了印度航线后，它才经历了真正意义上的高速发展。

与此同时，在棉树果实加工方面则毫无进展。这是一项繁琐的工作，需要人工分离棉花籽和棉花纤维。即便是一位熟练的脱籽工人，一整天下来也只能获得两公斤棉花……这让新的生产者们十分沮丧。正因如此，18世纪时，在英属美洲南方殖民地，棉花种植长期处于次要地位：根本没必要为了这项收益甚少的活动购买价格昂贵的奴隶！直到一位青年发明家开始关注这一问题：伊莱·惠特尼（Eli Whitney，1765—1825年）原为一名铁匠，后转而学习法律，在南方找了一份家庭教师的工作，并于独立战争结束十年后的1793年来到佐治亚州的萨凡纳（Savannah）。他注意到种植园主遇到的困难，并制造出一台名为“轧棉机”（cotton gin）的机械脱籽器，这台机器的原理至今依然可靠：它配有钩子，能够在金属轮轴筛掉棉花籽后抓住棉花纤维。这一机器让生产效率跃升至每小时十几公斤。

关于这一发明的消息不胫而走。伊莱·惠特尼在1794年3月14日提交了专利申请，但他这么做完全是徒劳：迫不及待的种植园主们在未得到授权的情况下便开始进行仿制。棉树种植面积飞速扩展，棉花产量也从1793年的区区几万捆增至1850年底的400万捆。带钩轧棉机让棉树种植成为收益巨大的活动，而它的发明者却陷入旷日持久的诉讼之中，精疲力竭的他最终心灰意冷，于1804年离开了南方。对于被奴役在棉花地里的几百万奴隶而言，情况同样不容乐观。鲜少有发明能够如此深刻地改变一个国家的命运：本应在新生的美利坚合众国自然消失的奴隶制，也因此获得了一丝残喘之机，又存续了几十年，直至南北战争结束后才宣告废除。

另见

衣服（19万年前）

约瑟夫-玛丽·雅卡尔（1752—1834年）

（图4-10 轧棉机）

1795年

罐头

1795年，尼古拉·阿佩尔（Nicolas Appert）研制出了一种能够让食品保存数月甚至数年的方法："密封加热灭菌法"（l'appertisation），罐头因此横空出世！

尼古拉·阿佩尔生于1749年，他的父亲在马恩河畔沙隆（Châlons-sur-Marne）经营一家小餐馆。阿佩尔打算子承父业，继续做舌尖上的生意。为精进学习，他于1772年在普法尔茨（Palatinat）为公爵克里斯蒂安四世（Christian IV）效力，并在三年后继续为公爵遗孀、福尔巴克（Forbach）伯爵夫人玛丽亚娜服务。带着如此耀眼的教育经历，他在1784年回到法国，并在巴黎隆巴路（Rue des Lombards）开了一家名为"盛名"（« La Renommée »）的蜜饯店。在此后的工作中，他接触了无数种当时已知的食物保存方法：发酵、熏制，使用盐、糖、蜂蜜、醋……但仍受困于一个主要障碍：每一次，食物的风味都会被彻底改变。

如何才能保持食物的风味呢？尼古拉·阿佩尔开始埋头实验，但他也并未对动荡的时局充耳不闻：1789年，他成为革命派的一员并加入了国民自卫军。在恐怖统治中受尽苦头的他于1794年重拾研究，并凭借此前的经验，于次年研制出了一种前所未有的保存方法。15年后的1810年，他本人在《居家必备之书：长期保存动植物材质物品的方法》(*Le livre de tous les ménages ou l'art de conserver pendant plusieurs années toutes les substances animales et végétales*)中对此进行了描述："这一方法的步骤为：1. 将需要保存的物品放入细颈瓶或广口瓶中；2. 妥善塞紧瓶口，因为成功的关键正在于密封；3. 将密封的瓶瓶罐罐放入装满沸水的炖锅中加热，请按照我为不同材质食物所列的加热时间进行时长不等的加热处理；4. 在规定的时间计时结束后从炖锅中取出瓶子。"

1795年，尼古拉·阿佩尔在塞纳河畔伊夫里（Ivry-sur-Seine）建成了第一间作坊，随后于1802年在马西（Massy）一个大型菜园内开设了一间真正意义上的工厂。他在帝国时期经历了人生中最辉煌的阶段，这尤其得益于接到的国家订单：罐头食品促进了陆军和海军军需品供应，拿破仑深知这些士兵在填饱肚子后才能更好地战斗，而罐头食品由于部分保存了食物的特性，能够预防维生素C缺乏症并使士兵远离坏血病……雄鹰拿破仑陨落后，阿佩尔在马西的工厂于1814年被掠夺一空并在百日王朝后被彻底摧毁。即便如此，阿佩尔仍不断改进他的保存工艺，将玻璃替换为英国进口的马口铁。然而昔日的荣光已无法再现，1841年，他在潦倒中离世……不过他发明的保存方法却得以幸存！

另见

金属（公元前4000年）

1800年
电池

1800年，亚历山德罗·伏特（Alessandro Volta）发明了电池，圆满结束了这个以电作为重要主题的世纪——电激发好奇、启发研究，但也引发争论！

在启蒙世纪，电让人如痴如醉，欲罢不能。无论是在公共场合还是在私人沙龙，科学家们都在进行着令人兴奋的实验：这里的炫目火花，那里的一次震动，都会让每个人倍感惊奇、深受触动。法国国王路易十五自己也投身其中：他于1757年任命欧洲这一领域的顶级专家之一让-安托万·诺莱（Jean-Antoine Nollet）教士担任自己孩子们的物理教师。法国以外的国家也不甘示弱：英国完全可以利用本杰明·富兰克林在美洲殖民地的研究成果，而意大利在18世纪下半叶也有路易吉·加尔瓦尼（Luigi Galvani）和亚历山德罗·伏特等名号响亮的人才。

关于电池的发明，1790年代在两位意大利科学家之间有过一场论战。在细致研究了青蛙后，加尔瓦尼于1791年在博洛尼亚（Bologne）发表了《论肌肉运动中的电力》（*Commentaire sur les forces électriques dans le mouvement musculaire*）一文，认为存在一种在肌肉和神经间流通的动物电。此时的伏特已是著名科学家、帕维亚大学（Université de Pavie）教授，并且是伦敦享有盛名的皇家学会会员。在着迷于自己同胞的发现的同时，伏特很快提出了疑问：造成这一现象的根源莫非并不在于动物，而是在于加尔瓦尼为连接肌肉和神经而使用的工具金属片？

论战一触即发，并点燃了整个欧洲的知识分子界——他们或许并不需要这场论战来为大革命雪上加霜！每个国家都分别有“动物电”和“金属电”的拥护者，他们就像革命观点拥护者和反对者一样充满激情。越来越多的人投入实验，每个人都希望扳倒对手：不仅仅是青蛙，羊、鸡，甚至昆虫都会受到科学家们的“热情款待”，被切割、被剥皮。这种情况一直到伏特决定不在实验中使用小白鼠并于1797年发现“两种金属接触就会产生电”才宣告结束。“加尔瓦尼主义者们”开始放下武器，尤其在加尔瓦尼因拒绝效忠波拿巴在意大利建立的阿尔卑斯山南共和国（République Cisalpine）而被革职之后。此后，伏特准备了一堆铜片和锌片，与浸满盐水的绒布叠放。在这个1800年实现的“电堆”中，最后一个铜片和第一个锌片之间由一根金属线连通，然后就通电了！全新的发电方法就此诞生……

另见

本杰明·富兰克林（1706—1790年）
电磁铁（1820年）

第五章　19世纪

技术的“进步”是19世纪的标志，也是当时人们狂热信奉的对象。各个领域的发明在这一时期全面开花：交通方面，从投入运行的蒸汽机车到起飞翱翔的飞机；通信方面，出现了以电报机和电话为代表的新发明；甚至还有艺术和消遣娱乐方面的摄影术和电影……说到底，“机器”是这一时期的代表性符号之一，它可用于出行、收割、缝纫甚至消遣……总而言之，机器始终用于生产，以及加倍生产。在启蒙世纪之后，我们迎来的难道是一个机器轰鸣、烟雾缭绕的世纪？

有些迹象是不会骗人的，比如西方社会中发明者地位的问题。首先，发明者得到了更好的保护：继以往的经营许可和特许证书之后，美国国会于1790年开始推行专利执照。法国国民制宪议会也于1791年1月7日颁布法律，成立了一个发明专利指导小组。这样就足够了吗？未必。看看巴尔扎克在《幻灭》(*Illusions perdues*)中的描述便知：“一个人花了十年心血摸索出一项工业上的秘密，或是制造出一架机器，或是发明随便什么东西，领到一张执照，满以为发明的东西抓在自己手中；谁知他要想得不够周到的话，会撞出一个同行来加上一只螺丝，把他的发明改良一下，专利权就给抢走了。”

不管怎么说，立法者提供的保障都无法做到万无一失。发明者们也将会获得新的展示窗口，比如世界博览会。伦敦于1851年举办了第一届世博会，四年后，轮到巴黎接过世博接力棒。在参观人数方面，巴黎一次次刷新记录：1855年为500万参观者，1867年为1 500万。到了1889年，这一数字已达3 200万——这一年恰逢法国大革命百年纪念，工程师埃菲尔也正是在这一年建造了312米高的著名铁塔。对于最幸运的人而言，收获的则是前所未有的荣耀和财富：手握1 093项发明专利的托马斯·爱迪生（Thomas Edison）最有发言权……不过，另一些人完全不需要1 093项，1项足矣，比如炸药之父、诺贝尔奖的设立者阿尔弗雷德·诺贝尔（Alfred Nobel）！

并非所有机器都能抬举人（将人抬举起来的飞机和电梯除外）：这场欣欣向荣、备受吹捧的“进步”不仅并未让每一个人受益，还可能会给所有人带来危害。从这个意义上来看，19世纪早已在我们所栖息繁衍的这片土地上撒下了良莠混杂的种子……

1804年

蒸汽机车

铁路交通史有些类似“先有鸡还是先有鸡蛋”的悖论：它到底始于蒸汽机车的发明还是始于行驶轨道的发明？

只有铁轨而没有蒸汽机车，这还不能构成铁路交通。轨道的历史可以追溯至中世纪末：当时，整个欧洲的矿场中都架设了木轨；到了17世纪末，最早的铁轨也在矿场架设而成。不过，只有蒸汽机车而没有铁轨，也真的不能说是铁路交通：1798年，威尔士一位兴趣广泛的发明家理查德·特里维西克（Richard Trevithick），和自己的表弟安德鲁·维维安（Andrew Vivian）一起设计了一辆在公路上行驶的蒸汽机车——自不必说，它在铁路历史上几乎没有一席之地！但这辆蒸汽机车的名字值得一提：它因蒸汽马达冒出大量蒸汽而被命名为“吹气魔鬼号”（« Puffing Devil »）。

这位威尔士人没有就此止步。1803年，他制造出一台可以在铁轨上行驶的新样车，并于1804年2月21日在梅瑟蒂德菲尔（Merthyr Tydfil）进行试运行。这是一座铁矿和煤矿资源丰富、经济高速发展的城市。这台样车在试运行时成功拖挂了五节车厢，满载十吨铁矿和七十位乘客，在四小时的时间里行驶了九英里（近十五公里）的距离。在某个路段，列车的速度甚至达到了惊人的每小时五英里（即八公里）！为了宣传自己的发明，理查德·特里维西克三年后在当时位于伦敦附近、今日已属于伦敦一部分的尤斯顿广场（Euston Square）一处环形路段设置了一台用于展示的机器：当时，好奇的人们可以花六先令乘坐这辆“有种来抓我号”（« Catch Me Who Can »）火车环游几个来回……

此后，铁路交通史终于迈上正轨，并一直发展到今天：1814年，英国人乔治·斯蒂芬森（George Stephenson）设计了一台蒸汽机车，后取名“布吕歇尔号”（« Blücher »），以纪念此前在滑铁卢一战成名的普鲁士将军布吕歇尔；1823年，他又和自己的儿子罗伯特（Robert）一起建立了第一间蒸汽机车制造厂，法国、包括普鲁士在内的德意志各邦以及美国等其他国家也各自投身这场历险……不过，人们常常忽略一点：如果不同时改进轨道设计，蒸汽机车也无法一往无前。1804年在梅瑟蒂德菲尔试行的那辆列车仅完成了三次行驶，因为它所到之处，铁轨全部断裂！今天，火车的最高速度纪录之所以能够达到惊人的600公里／时，也正是因为，钢铁工业通过不断摸索，成功研制出了一种柔软而坚固的新型钢材。

另见

汽车（1769年）

伊莱贾·麦考伊（1843—1929年）

地铁（1863年）

1815—1852年
艾达·洛夫莱斯

早在计算机发明之前，便有了历史上第一位程序员……而且是一位女性：洛夫莱斯（Lovelace）伯爵夫人奥古斯塔·艾达·金（Augusta Ada King）。

艾达1815年12月10日生于伦敦。她的父母绝非等闲之辈：母亲安娜贝拉·米尔班克（Annabella Milbanke）才华横溢，钟情文学、哲学及数学——在19世纪初的英国，这绝不是典型的女性形象；父亲诗人拜伦，虽然因笔下诗句名扬天下，却也因浪荡生活和离经叛道而饱受诟病。安娜贝拉为了保护女儿，在艾达一个月大的时候就离开了拜伦勋爵。而拜伦也离开英国去了地中海沿岸，并于1824年客死希腊，时年36岁。因此，安娜贝拉并未让女儿接受墨守成规的教育，女儿也继承了她的研究和数学天赋。在玛丽·萨默维尔（Mary Somerville）的介绍下，艾达于1833年结识了英国皇家学会会员、皇家天文学会创办者之一、后来翻译了拉普拉斯（Laplace）《天体力学》（*Mécanique céleste*）的苏格兰科学家查尔斯·巴比奇（Charles Babbage）。这位在1822年发明了机械计算器“差分机”（Difference Engine）的科学家，打算尽毕生之力制造出一台集多种功能于一身并且尤其能够纠正当时数学、天文和航海数据表中错误的机器。

艾达对这一计划十分感兴趣。二人间的密切合作就此展开。1835年，这项工作被迫中止：艾达与洛夫莱斯伯爵威廉·金(William King)结婚，此后生育了三个孩子。1839年她重拾工作，愈加奋发图强。三年后，艾达·洛夫莱斯已能够翻译意大利工程师费代里科·路易吉·梅纳布雷亚(Federico Luigi Menabrea)关于分析机的文章。1843年，艾达为这篇文章做了大量附加说明，篇幅远超原文。这位历史上第一位程序员甚至已经开始从细节上考量如何利用分析机处理数据。她甚至还开发了一个原创程序，用来计算伯努利数(les nombres de Bernoulli)——一个由递推关系定义的数列。

体弱多病的艾达于1852年11月27日去世。和她的父亲一样，艾达离世时尚未满37岁。不过，她并未被历史遗忘：1970年代末，一批程序员受美国国防部之托设计了一套统一的计算机语言。他们提议将这一语言命名为"艾达"，以纪念这位遥远的先驱。"艾达83"也因其可靠性和极高的安全等级，于1983年成为了美国标准，并于1987年成为了国际标准。最新版本艾达2012仍用于天文学等尖端技术领域的程序设计。

另见

算板(公元前1000年)
计算器(1642年)
计算机(1936年)

1817年

混凝土

1817年，毕业于路桥学院的青年工程师路易·维卡（Louis Vicat）构建了砂浆和水泥的科学比例。混凝土的伟大历险由此开启……

除非是建筑专业人士，否则一般人很难轻易区分水泥、砂浆和混凝土。水泥是一种自古代便已为人所用的胶凝材料，不过它的成分此后已大有改进。古罗马的天才建筑师们早已掌握了这方面的超凡工艺，就连“水泥”（ciment）一词也源于他们的“caementum”。早在公元前几年的《建筑十书》中，维特鲁威便尤其称赞了波佐利（Pouzzolles）的土壤——火山灰（« la pouzzolane »）这种“被自然赋予优良特性的粉末。它多见于巴伊（Baïes）附近和维苏威山周围各城镇的土壤中。将这种粉末与石灰和砾石混合搅拌，不仅可加固普通建筑物，而且还能使位于水下的堤坝坚固无比”。具体来说，在水泥中加入细砂或石砾，然后再加入水，便成了一种粘性浆状物——砂浆。这一工艺在罗马陷落后便逐渐被人遗忘。与砂浆不同的是，混凝土并非一种粘合剂，其本身便是一种由砂石和水混合制成的建筑材料。其中，水引起的化学反应必不可少，能够将所有成分联合为一个均匀整体。这番解释过后，再来讲混凝土的诞生就容易多了！

1812年，毕业于路桥学院的青年路易·维卡负责在多尔多涅河畔的苏亚克（Souillac）建造一座桥。这位工程师为了自己的使命可谓呕心沥血。1817年，为驯服湍急的河流，他决定采用一种新工艺建造大桥的桥基，并制成了一种由石灰石和硅石混合而成的人造水泥。这种水泥和维特鲁威提到的火山灰一样，都可以在水下使用。其实在几年之前，已经有人采用过类似的制造工艺，特别值得一提的是英国人詹姆斯·帕克（James Parker）和约瑟夫·阿斯普丁（Joseph Aspdin）。路易·维卡随后出版了作品《建筑石灰、混凝土和普通砂浆的实验性研究》（*Recherches expérimentales sur les chaux de construction, les bétons et les mortiers ordinaires*）。他的贡献在于，将一整套基于经验的观察转变为一门对建筑和土木工程至关重要的真正的科学。1818年1月24日，路桥委员会承认了这门科学；2月16日，约瑟夫·路易·盖-吕萨克（Louis Joseph Gay-Lussac）所在的久负盛名的法兰西学会也对此予以了认证。在这般加持之下，混凝土这一发明已全副武装走向未来！

另见

砖（公元前10000年）
水道桥（公元前700年）

1820年

电磁铁

1820年电磁铁的发明，标志着自遥远的古代时期即已为人所知的电学和磁学这两个研究领域的交汇融合。

电学和磁学在很长时间里都有着各自的发展路径，其间只是偶有交错。一直到19世纪初，它们才开始共同发展。米利都的泰勒斯（Thalès de Milet）被视为这场历险的先驱，他在几何学和天文学领域颇有建树——柏拉图在《泰阿泰德》（*Théétète*）中曾指出泰勒斯沉迷于观察天空，有一天竟因此掉进了井里！除此之外，泰勒斯还观察到，琥珀受到摩擦之后会产生吸引力。古希腊人将琥珀这种树脂称为"elektron"，这就是"电"一词的来源……

在此后的几个世纪中，人们的注意力都只集中在磁学领域，最早的指南针等发明也陆续出现。如果说马里古（Pierre de Maricourt）作于1269年的《磁石书信》（*Epistola de Magnete*）可以被视为"首部关于磁铁的严肃著作"（诺贝尔物理学奖获得者路易·奈尔[Louis Néel]语），那么英国人威廉·吉尔伯特（William Gilbert）1600年发表的《论磁石》（*De Magnete*）便可视为磁与电之间出现密切联系的标志。一直到启蒙世纪，人们还在为这位英国医生当时提出的一个假设争论不休。这一假设虽然拥有让-安托万·诺莱和本杰明·富兰克林等支持者,但也不乏一众坚定反对者。1785年到1791年间,夏尔-奥古斯丁·库仑一系列“关于电学与磁学”的论文让大家统一了意见。他在其中指出,这两种力受同一套法则支配,都与距离的平方成反比。这位物理学家还注意到自己的观察结果和牛顿对引力的研究具有一致性……一个前景光明的研究领域!

不过,决定性的跨越出现在1820年。首先是在哥本哈根:汉斯·克里斯蒂安·奥斯特(Hans Christian Oersted)发现了电流对指南针的影响,发表了《电流对磁针的作用的实验》(*Expériences relatives à l'effet du conflit électrique sur l'aiguille aimantée*)。然后是在巴黎:被这一实验吸引的安德烈-玛丽·安培(André-Marie Ampère)决定深入研究这一主题。他在给儿子的信中写道:“自从获悉奥斯特先生的重大发现后,我便一直在思考,我所做的只是提出关于这些现象的宏大理论。”他利用螺线管成功将一块铁磁化。弗朗索瓦·阿拉戈(François Arago)随后重现并证实了这一实验,由此确立了电磁铁的原理。这一诞生于实验室好奇之心的原理,后来随着充满魔力的电的发展得到了广泛应用。其间,迈克尔·法拉第(Michael Faraday)等伟大科学家,特别是詹姆斯·麦克斯韦(James Maxwell),都对电磁理论作出了决定性贡献。

另见

指南针（公元前200年）

电池（1800年）

（图5-1 汉斯 · 克里斯蒂安 · 奥斯特）

1826年

摄影术

已有200年历史的摄影术，同时也是一项仍在发展变化的发明。它不断改变着人们看待世界、表现世界的方式。

摄影术是两项发明的成果：它将物理装置（用于实现拍摄）和化学技术（用于将拍摄内容定格于永久性载体之上）结合在了一起。前一项发明历史悠久，“暗室”（camera obscura）原理早在古代时期便已为人所知。在一间黑暗无光的屋子的墙壁上（其实一个盒子足矣）凿一个小孔，外面的景物便会经过这个小孔在正对面的内壁上形成一个倒立且相反的像。16世纪，意大利画家们开始用这种方法准确表现透视法。在同一时期，人们还为这一装置引入了玻璃镜片，以便更好地让光线聚焦，呈现更加清晰的像。

不过，将“再现”的像固定下来则是在更久之后。人们早就知道卤化银暴露在光下会灰化这一原理，但如何运用这一特性固定成像、阻断灰化过程呢？为此，法国人约瑟夫·尼塞福尔·尼埃普斯（Joseph Nicéphore Niépce）自1810年起进行了大量尝试，使用了不同的载体、显影剂和定影剂，并最终于1826年成功获得第一张负片，那是在其位于索恩-卢瓦尔省（Saône-et-Loire）寓所中拍摄的一张风景照。他将一块覆盖有沥青的锡板放入一间朝向外部的暗室内，并且曝光了好几个小时。成片以人眼看来虽然质量低劣，但确实呈现了窗外楼房的景象。

很快，尼埃普斯便同另一位发明家兼画家路易·雅克·芒代·达盖尔（Louis Jacques Mandé Daguerre, 1787—1851年）一同改进了这一技术。1833年，尼埃普斯去世，达盖尔除继续独自进行使用材料和定影剂的研究外，还在潜影形成方面进行了调整，缩短了曝光时间。弗朗索瓦·阿拉戈深受达盖尔研究成果的影响，于1839年1月7日向法兰西科学院介绍了第一台真正意义上的照相机：银版照相机（le daguerréotype，即达盖尔相机）。

一切才刚刚开始。其他致力于这一领域研究的发明家们或从这一发明中受到启发，或对其进行了改进。在这些人当中，英国发明家威廉·亨利·福克斯·塔尔博特（William Henry Fox Talbot）于1840年发明了能够对所拍摄图像进行复制的负–正工艺：卡罗式摄影法（la calotypie）。随后，出现了赛璐珞软底胶卷、小型相机、彩色照片……以及后来的数码摄影术——光敏传感器取代了感光版，能够将拍摄的图像处理为数字文件的格式。

另见

伊本·海什木（965—1040年）

莱奥纳尔多·达芬奇（1452—1519年）

（图5-2 大约摄于1844年的一张达盖尔的照片）

1829年
缝纫机

人们虽已遗忘1829年缝纫机的发明者巴泰勒米·蒂莫尼耶(Barthélémy Thimonnier),但却仍在谈论这台机器的主要推广者艾萨克·梅里特·胜家(Isaac Merritt Singer)。

巴泰勒米·蒂莫尼耶1793年出生于罗讷省拉布雷斯勒(L'Abresle)一户贫困家庭。他最初打算像自己的父亲一样做一名洗染工,不过后来还是成为了一位裁缝。他先是在昂普勒皮(Amplepuis)做裁缝,随后,于1823年在圣艾蒂安(Saint-Etienne)郊区的雷福尔日(Les Forges)自立门户,手下有了几位工人。总之,和法国服装纺织行业内的无数人一样,蒂莫尼耶职业生涯的起步可谓平淡无奇……不过,和其他同行一样,这位来自圣艾蒂安的年轻裁缝充满了职业焦虑:这是一份按件收费的工作,顾客群又十分不稳定——一旦一件衣服未按时交付,顾客便有可能迅速转向其他竞争者,虽然其他人也未必能快到哪里去。于是,蒂莫尼耶开始思考能否求助于机械工艺解决这一问题。他利用自己对手工活儿的了解,于1829年设计出了一台机器。这台机器最初只能借助一根针和一个钩子实现链式线迹。和手工剪裁相比,这台机器做针线活儿确实更快了,不过却也更容易开线。尽管它并不尽如人意，蒂莫尼耶还是想将其申请专利。一位来自圣艾蒂安矿业学院的辅导老师奥古斯特·费朗（Auguste Ferrand）支持蒂莫尼耶的这一尝试，两人于是一拍即合。1830年7月17日，二人获得了一项踏板驱动的“专用于在布料上走出链式线迹的机器”——“缝纫机”（« La Couseuse »）专利执照。

只可惜改变习惯哪有那么容易！大多数作坊都对这一新发明兴趣不大，即便在采用了缝纫机的作坊里，也常出现工人因将缝纫机视为自己饭碗的威胁而损坏机器的情况。好在巴泰勒米·蒂莫尼耶仍在继续钻研：从1830年到1840年，他一直都在改进这一机器。终于，在第一台原型诞生二十五年后的1855年，一台蒂莫尼耶自创的“缝纫刺绣机”（« Couso-Brodeur »）斩获巴黎世界博览会　等奖。不过，它的发明者却无福品尝成功的滋味了：蒂莫尼耶在两年后去世，丝毫未能从凝聚了自己一生心血的这一作品中获利。对于美国人艾萨克·梅里特·胜家而言，却是另一番景象：胜家1851年也发明了一台缝纫机，比蒂莫尼耶晚了二十年。为了避免遭遇与蒂莫尼耶同样的麻烦，他并未立刻向专业人士推广自己的机器，而是通过在纽约街头巷尾刊登广告、进行公开展示等方式，先针对个人买主进行推销。他甚至还为妇女免费开设缝纫机使用培训课程——在她们的软磨硬泡之下，丈夫们纷纷慷慨订购价值不菲的缝纫机。就这样，胜家让缝纫机在进驻各大作坊之前，先走进了千家万户。

另见

衣服（19万年前）

约瑟夫-玛丽·雅卡尔（1752—1834年）

轧棉机（1793年）

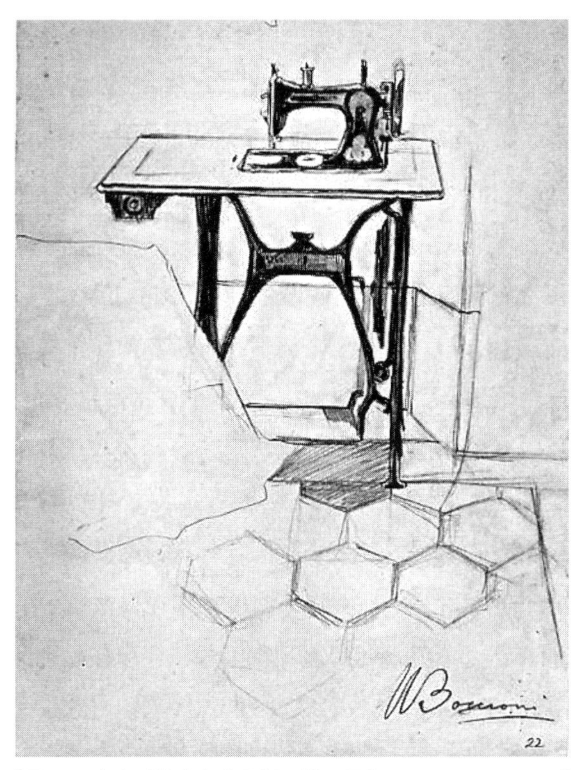

（图5-3 意大利艺术家翁贝托·博乔尼[Umberto Boccioni] 1908年的画作《女裁缝故事研究：缝纫机》）

1831年

收割机

从古高卢到1830年代的美国,收割机在历史上一共被发明了两次。不过,第二次才称得上是比较完善的发明!

按照惯例,我们先到古代看一看。关于收割机,有两种说法尤其值得一提。第一种源自《博物志》的记载:老普林尼在公元1世纪就描述过“在高卢地区的广大农田中,一头牛在田间反向牵引着一台配有锯齿的双轮大箱;脱出的谷粒直接落入箱中”。第二种说法源自四个世纪后帕拉迪阿斯(Palladius)的《农事论》(*Opus agriculturae*)。这位至今仍不为人所知的作家在其中详细描绘了一台由牛牵引的推车,它配有多个成排间错分布的锯齿,高度与待收割的庄稼齐平。帕拉迪阿斯解释道:“当牛在庄稼地中拉动推车,谷粒便会被锯齿卡住,而后落入推车之中,被拔掉的禾秆会被留在地头,位于后方的放牛人不时对机器进行升降操作。”所以收割机是高卢人的发明,1958年在布兹诺尔下辖蒙托邦(Montauban-sous-Buzenol)发现的一幅浅浮雕作品也证明了这一点。不过,由于罗马的奴隶劳动力丰富,人们对这样一台机器的关注也仅限于好奇而已。

数个世纪之后,收割机的身影又一次出现在与此相似的背景之下。1830年，在蓄奴州弗吉尼亚州洛克布里奇县（Rockbridge），生活着麦考密克（McCormick）一家。为了耕作土地，父亲罗伯特（Robert）拥有自己的奴隶。不过，为了不断提高生产力，他仍在发明新的农业器具。协助罗伯特工作的儿子塞勒斯（Cyrus）对父亲的优缺点了如指掌。他后来写道："我父亲在发明机器方面天赋异禀，不过他没有生意头脑，所以这些发明也都无人问津。"其中有一项发明吸引了小伙子的注意：动物牵引的机械收割机。在父亲的一位奴隶乔·安德森（Jo Anderson）的协助下，塞勒斯改进了这台机器，并于1834年6月递交了专利申请。

但是习惯不易改变，成功也姗姗来迟：1842年只卖出了七台机器，它们均由麦考密克家自费生产。后来，收割机逐渐声名远扬，特别是在广大西部平原：1843年有二十多份新订单，次年有三十多份。为此，麦考密克1847年在芝加哥附近投资兴建了一家制造厂。1860年代，南北战争又大大扩展了这一市场：在北方农民大规模参军、南方奴隶获得解放之时，麦考密克收割机变得至关重要！

另见

摆杆步犁（公元前5000年）

磨坊（公元250年）

蒸汽机（1687年）

轧棉机（1793年）

1833—1896年
阿尔弗雷德·诺贝尔

一年一度的诺贝尔奖，让化学家、企业家、富有远见的商人阿尔弗雷德·诺贝尔（Alfred Nobel）名垂青史。

这是一张写有“1895年11月27日”字样的A4大小的纸，被对折成了两半，正反共四面都密密麻麻写满了字。这份被悉心保管的文件由瑞典语写就，现藏斯德哥尔摩，偶尔才向公众小露真容。那是当然！这可是近代史上具有标志性意义的一份文件：“我，签名人阿尔弗雷德·伯恩纳德·诺贝尔，经过郑重的考虑后特此宣布，下文是关于处理我死后所留财产的遗嘱……”

在写下这几行字的时候，诺贝尔自知将不久于人世。他深受冠心病的折磨，脑海中也一直有一个挥之不去的问题：人们会如何怀念我？其实，“破坏”这一主题似乎贯穿了他整个人生。在他9岁时，父亲伊曼纽尔（Immanuel）因向沙皇销售自己发明的水雷而发家致富，带领全家从斯德哥尔摩迁居圣彼得堡。而阿尔弗雷德则先后在美国和法国学习化学，并最终回到瑞典专门研究炸药制作。1866年，他开创了一种方法，提高了意大利人阿斯卡尼奥·索布雷洛（Ascanio Sobrero）几年前发现的硝化甘油的使用稳定性：混合了硅藻土这种稳定剂的硝化甘油，便不再会轻易爆炸，而必须使用雷管引燃。1867年11月27日提交的这项硝化甘油“达纳炸药”（« Dynamite »）专利，让发明者诺贝尔名声大噪！

当然，硝化甘油炸药并非只用于军事目的，它对土木工程学也具有宝贵意义，特别是在涉及开挖隧道或运河时——比如费迪南·德雷赛布（Ferdinand de Lesseps）在塞得港（Port Saïd）和苏伊士城之间开凿的苏伊士运河。不过由于人类的天性，炸药这项发明很快便被作杀戮之用，这也极大地损害了诺贝尔的形象。1888年，诺贝尔自己在哥哥卢德维格（Ludvig）去世时也痛心地认识到了这一点：当时，一位混淆了两兄弟的记者写了一份题为《杀人炸药的制造商逝世》的讣告——这件事让炸药之父诺贝尔深受触动。他在几年之后起草自己的遗嘱，是否也受到了这件事的影响呢？在遗嘱中，诺贝尔决定用自己的巨额财产“成立一个基金会，将基金所产生的利息每年奖给在前一年中为人类作出杰出贡献的人”。这主要包括科学研究、文学领域的杰出人士，当然也包括“促进民族团结友好、取消或裁减常备军队以及为和平会议的组织和宣传尽到最大努力或作出最大贡献的”和平推动者。

另见

火药（1044年）

米哈伊尔·卡拉什尼科夫（1919—2013年）

1835年

电报机

塞缪尔·莫尔斯(Samuel Morse)的名字和电报机紧密相连。更确切地说,他可以算是主要先驱之一。

信息的远程传递并非始于电报机的发明。出于军事需要,人类自古代便已发明了多种声音或视觉装置。古波斯、古代中国和古罗马就曾使用烽火台,不过其传递信息的能力非常有限。过了很久,在大革命时期的法国,克洛德·沙普(Claude Chappe)发明了一种视觉电报机:1794年,在巴黎和里尔等外省各大城市之间,安装了备有信号臂的塔台。这一系统在五十年后的顶峰时期拥有500多个塔台,绵延5 000多公里。但它也并非无懈可击:它可见性不高,无法在夜间、大雾或极端恶劣天气时使用。

电报机则不存在上述问题。不过,它的诞生需要以另外几项发明为前提。首先是电池,因为要通电;然后是电磁铁,用来保证接收。还需要对它们进行改进,因为最初的电池极化过快,而安培和阿拉戈的电磁铁尚无法进行此类应用。1830年代初,终于万事俱备。来自哥廷根的卡尔·弗里德里希·高斯(Carl Friedrich Gauss)和威廉·韦伯(Wilhelm Weber),以及来自伦敦的查尔斯·惠特斯通(Charles Wheatstone)和威廉·库克(William Cooke)等著名科学家开始发明电报机的原型。不过，一匹半路杀出的黑马很快便抢走了这些人的风头……

在纽约担任美术教师的塞缪尔·莫尔斯，也是成立于1825年的美国设计学院的联合创始人。1832年，莫尔斯结束了漫长的欧洲游学，乘坐萨利号（Sully）邮船返回美国。在这趟旅途中，他画出了新型电报装置的草图，并将其展示给了这艘横渡大西洋邮船的船长。显然，艺术家莫尔斯的欧洲之旅为他带来的不仅是绘画技艺的精进！他自创的这一装置计划使用两块电磁铁，一块作为线路继电器，另一块用于产生机械动作，将信息誊写在不断卷出的纸条上。不过，莫尔斯过了好多年之后才组装出电报机的原型。1835年，他先在画纸上确定了设计图，只向少数亲友进行了展示。还需筹措30 000美元后续资金才能在华盛顿和巴尔的摩之间架设一条试验线路，而这条线路一直到1845年才架设成功。由于这一发明的性能大大优于当时已有的各类装置，各国纷纷淘汰旧有设备，转而启用莫尔斯的新系统以及他后来发明的电码……艺术家莫尔斯，真是好样的！

另见

电池（1800年）

电磁铁（1820年）

无线电报机（1896年）

（图5-4 电报机）

1836年
手枪

不是上校的上校，难觅买主的神秘武器，名叫沃克（Walker）的骑警……有关柯尔特手枪（le Colt）的谜团还真不少！

有些发明已成传奇。“柯尔特”手枪便是其中之一。能想象少了这把神秘手枪的西部拓荒吗？好莱坞制作的故事片及著名西部片对这一象征的塑造当然也功不可没。虽然这把可容六发子弹的手枪确实是遥远西部历史的一部分，但在区分传说与现实时还是应多一分理智。首先，手枪发明者的身份就足以让人对此事多一分谨慎：人称“柯尔特上校”的塞缪尔·柯尔特（Samuel Colt），从未获得美国军队的这一军衔。他甚至终生未曾穿过军装！

其实，命运并未在柯尔特身上埋下关于这一发明的任何伏笔。他1814年出生在康涅狄格州（Connecticut）的哈特福德（Hartford）。他的父亲是一位农场主，并且有幸娶到了当地巨富约翰·考德威尔（John Caldwell）之女。不过，在自己年轻的妻子因结核病去世后，他便被岳父无情地赶出了家门。小柯尔特富足殷实的童年生活也跟着急转直下，跌入贫苦深渊。他此后一辈子都在困顿中挣扎。十五岁的他做过织布工人，还在一艘商船上做过海员。1831年，他制造出了配有转轮的手枪原型。关于他的灵感来源流传着许多传说。有人甚至认为他是因为观察到了舵柄或汽船的舵轮而萌生了这一想法……但事实仍是一个谜。能够确定的是，彼时大家都在摸索，希望制造出一种能够连续射击的武器。很多制造商都进行了尝试，而柯尔特找出了绝佳解决方案。

不过，从设计到制造成功，用了不止一年。更何况时年17岁的小柯尔特仅有基本的技术知识，而且总会和帮助自己的人闹翻——性格使然。1836年，在哈特福德、巴尔的摩和帕特森（Paterson）经历了三次破产后，这位年轻的发明家仍憧憬着要申请专利。就在1848年，柯尔特遇到了命中注定的贵人：萨姆·沃克（Sam Walker）上尉。在美墨战争中扬名的这位得克萨斯骑警（当然，历史和传说仍交织在一起）不仅给予了柯尔特支持，还为他带来了政府的宝贵订单。这让柯尔特得以重返家乡，建起工厂，并大获成功：1850年共制造出8 000支手枪，五年后50 000多支，又过了五年，手枪制造总数已超150 000支……可以说，早在牛仔们西部拓荒之前，南北战争就已为手枪送上了一记神助攻！

另见

火药（1044年）

米哈伊尔·卡拉什尼科夫（1919—2013年）

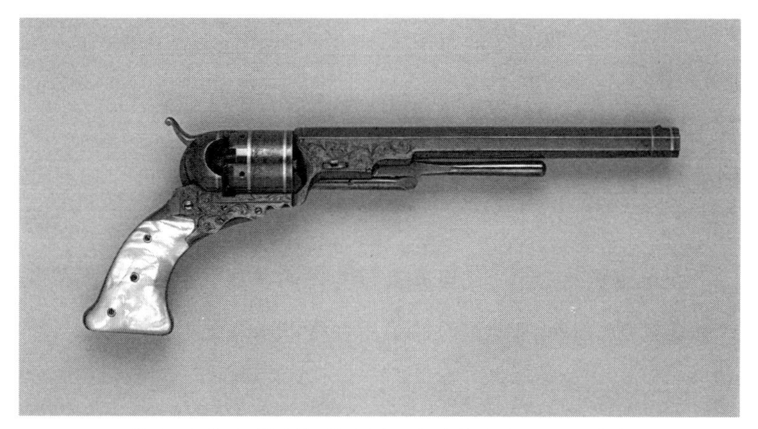

（图5-5 柯尔特手枪，枪套型5号，大约生产于1840年）

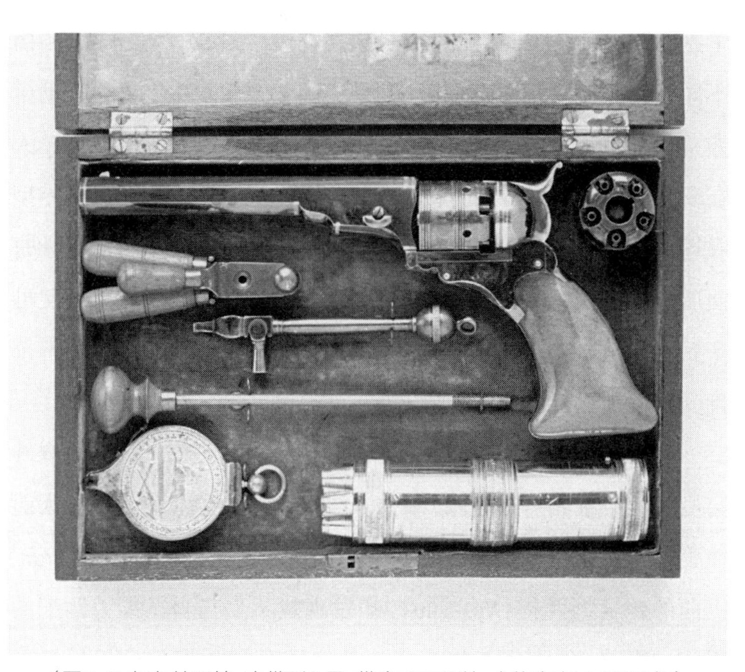

（图5-6 柯尔特手枪，皮带型3号，带盒子及配件，大约生产于1838年）

1843—1929年
伊莱贾·麦考伊

在奴隶制盛行、歧视现象大行其道的美国，黑人发明家伊莱贾·麦考伊（Elijah McCoy）的名字却得以永载史册。

1837年，肯塔基州（Kentucky）的两位黑奴乔治·麦考伊（George McCoy）和艾米莉亚·麦考伊（Emilia McCoy）通过“地下铁路”（Underground Railroad）成功摆脱了奴役。“地下铁路”由不同线路和接应站点连缀而成，是美国北方废奴主义者们帮助南方蓄奴州的黑人奴隶逃至加拿大的交通网络。麦考伊夫妇二人在安大略省（Ontario）的科尔彻斯特（Colchester）落脚，经营小型农场生意。六年后，他们的儿子伊莱贾出生了。这个孩子上学时便展现出过人才能，对科学和技术学科兴趣浓厚。伊莱贾的父母辛勤耕作、省吃俭用，终于在1859年将他送往苏格兰爱丁堡继续接受工程师教育。

当伊莱贾回到北美时，美国南北战争打得正酣。这场血腥冲突虽然使奴隶制得以废除，却并未终结歧视现象。离开加拿大前往美国的伊莱贾很快便感受到了这一点。他来到底特律（Detroit）以西的伊普斯兰提（Ypsilanti），却发现找不到与自己能力匹配的工作。最终，他不得不接受了当地铁路公司提供的一份低级工作——这也是黑人唯一能够接触到的工作机会：铲煤、润滑蒸汽机车的汽缸和活塞。这可是个苦差事，需要在确保锅炉恒压的同时，不断往各机件上洒大量的油，因为蒸汽的腐蚀性极强。于是，伊莱贾在1872年实现了自己的第一项发明：一个能够持续为机器各零件涂刷润滑剂的自动装置。1873年，他获得专利，这一简单有效的装置也应用到整个公司的机车中。不少其他商家也试图仿制，但没有一个成品能够超越最初的发明。懂行的人根本不理会那些平庸的仿制品，总是要"正宗麦考伊"……这种说法后来也成了一个俗语：在美国，向卖家索要"正宗麦考伊"(« the real McCoy »)，就是在表明自己可不会随便被什么次品蒙骗！

这项发明带来的红利，让伊莱贾在1873年和同为奴隶之女的玛丽·埃莉诺拉·德莱尼(Mary Eleanora Delaney)结婚，并成为一名顾问。此后一直到1929年去世，伊莱贾又提交了五十多项发明专利，其中绝大多数都和蒸汽机有关，包括一款由油和悬浮石墨粉组成的润滑剂。近一个世纪后的2012年，位于底特律的美国专利局中西部地区办公室为了纪念伊莱贾，更名为"伊莱贾·麦考伊中西部地区办公室"。

另见

蒸汽机(1687年)

蒸汽机车(1804年)

1847—1931年
托马斯·爱迪生

有“奇才”、“魔术师”和“门罗公园(Menlo Park)的鬼才”之称的托马斯·爱迪生(Thomas Edison)是世界上拥有专利最多的人:1 093项,谁能与之争锋?

“天才就是1%的灵感加上99%的汗水”:没有人知道爱迪生是否真的说过这句话,但他一生都在身体力行!特别是有关汗水的部分:爱迪生1847年生于俄亥俄州(Ohio)的米兰,在家中排行老七。为养活这一大家子,父亲塞缪尔做过各种工作。1854年,塞缪尔举家迁至密歇根州(Michigan)的休伦港(Port Huron),并找了个木匠活儿。这位木匠藏书甚多(这在当时极为罕见),小爱迪生经常在妈妈南希(Nancy)的带领下探索这些书籍。爱迪生后来也写道:“她教会了我如何快速、正确地阅读好书。”不过,这个小男孩儿并非只会在家里用功。他打过各种零工,在美国深陷南北战争的1860年代初,他还在休伦港和底特律之间新建成铁路的列车上贩卖糖果。在那里,好运降临了:他在火车铁轨上救下了一位幼童,这位幼童的报务员父亲为了报答爱迪生,将他培训成了一名报务员——当时正值这一职业的蓬勃发展期。

托马斯·爱迪生学习刻苦，快速、清晰的抄报让他很快出了名。此外，他还对使用装置进行了微小改进，并将此扩大到其他领域。1868年10月13日，受雇于波士顿西联公司的爱迪生申请了人生中第一个专利：自动投票机。奇怪的是，在这个经常需要公民进行投票的国度，这样一个发明却未溅起一丝水花！不过，爱迪生有句格言："无论遇到什么情况，我都不会气馁。"后来，他从自己电报领域的本职工作入手，制造出一台装置并因此获得为纽交所安装新系统的合同，一举成功。

此后，托马斯·爱迪生在新泽西州（New Jersey）自立门户：先是在纽瓦克（Newark），后来于1876年在门罗公园建成了一座实验室，整个工程在其父亲的监督下实施。这座实验室也是这位发明家缔造传奇的地方：他发明了留声机、亚历山大·格拉汉姆·贝尔（Alexander Graham Bell）电话的麦克风，随后转攻电灯照明领域并在国内外获得巨大声誉。多年后的1931年10月18日，爱迪生去世。听闻噩耗的美国总统赫伯特·胡佛（Herbert Hoover），号召全国人民在10月21日这一天熄灯一分钟（太平洋沿岸各州19时熄灯、落基山脉一带20时、大平原地区21时、大西洋沿岸22时），以这种前所未有的方式悼念这位举世无双的发明家。

另见

电报机（1835年）
电话（1876年）
留声机（1888年）

1853年
电梯

虽然起重装置古已有之，但一直到1853年伊莱沙·奥的斯（Elisha Otis）发明“断绳保险器”（le « parachute »），电梯才真正诞生。

为什么说电梯发明于1853年而不是更早以前呢？其实，自古代诞生了最早的滑轮之后，起重装置就开始出现在工地或港口，用于搬运建材或货物。不仅如此，它还用于人员运送：在古罗马，斗兽场的观众可以看到角斗士和猛兽从斗兽场地下上场；在尼禄的金宫等宫殿中也存在类似装置。到了中世纪，一些高山修道院（如圣米歇尔山）也开始采用起重装置。18世纪，路易十五为方便蓬帕杜夫人和自己相会而建造的“飞椅”，曾一度是凡尔赛宫的热门景观。但是，一直到19世纪上半叶，这类装置都仍然十分简陋且十分危险：绳索一断，自由落体！这样的意外事故就曾发生在最早使用由蒸汽机驱动的货物升降机的矿井中。虽然很多地方的人们也曾尝试使用液压千斤顶，但这一装置无法达到升降机的抬升高度……

19世纪中叶，美国发明家伊莱沙·奥的斯终于解决了这一问题：他为升降装置添加了“断绳保险器”——这可不是说在绳索断裂时会有一张自动张开的降落伞。[①]它其实是一个紧急制动装置，会在速度过快时自动启动。当然，它会让电梯刹得有些猛，不过相比之下这已经是最微不足道的缺点了……为了说服对此装置仍持怀疑态度的人，伊莱沙·奥的斯在1853年纽约举行的世界"万国工业"博览会上，进行了一场惊人的表演：在按照伦敦水晶宫的样式修建的纽约水晶宫中，站在起重装置上的奥的斯，在吃惊不已的观众的注视下，竟让自己的一位助手用斧子砍断起重机的绳索！这次表演反响极大，订单很快像潮水般涌来。同年，著名的奥的斯电梯公司成立。即便奥的斯无法声称是自己发明了电梯，但他完全可以说是自己提高了电梯的安全性，并且是变革城市空间的第一人。确实，古城中的富裕家庭逐渐从平房入住高楼，而此前高层的房间通常是最贫困人们的栖居地。在新世界，配有断绳保险器的电梯也让高层建筑成为可能：一座更比一座高的塔，乃至摩天大楼……

另见

滑轮（公元前900年）

---

① 作者之所以这么说，是因为法文中的"parachute"一词兼有"降落伞"与"断绳保险器"之意。——译注

（图5-7 伊莱沙·奥的斯1853年在纽约水晶宫做展示）

1858年

冰箱

有了庇卡底人的参与，制冷便不再是个难题：1858年，在穆瓦兰（Moislain）和亚眠（Amiens）之间的某个地方，冰箱横空出世。

人类自诞生以来便一直在考虑食物保存的问题，历史上也曾为此尝试过无数种解决办法，其中便有冷藏的方法。显然，从史前时代开始，冷藏便是气候寒冷地区的首选方案。在其他地区，大自然母亲有时也会通过制造冰川暗中助力。在法国，最令人叹为观止的冰雪景象位于杜省（Doubs）贝桑松（Besançon）三十多公里之外：主恩（Grâce-Dieu）修道院至少从中世纪便开始利用同名地区一个气温低至零下25摄氏度、深达68米的自然洞穴内的冰。受此启发，人们逐渐对人工冷却机进行了改进，并最终发明出机械冷却设备。

1805年，来自美国费城的发明家奥利弗·埃文斯（Oliver Evans）绘制出了蒸汽“制冷机”的草图。这台机器的原理是，乙醚在被压缩后状态改变，会具有制冷的特性。一些历史学家就此认为埃文斯是冰箱之父，但这也未免有些操之过急：由于未曾动手制造这台机器，说埃文斯是发明者实在会引发争议。其实，其他发明者也完全可以说冰箱是自己的发明，就像1830年继续前人未竟事业的美国人雅各布·帕金斯（Jacob Perkins）所做的那样。但是，人工制冷的胜利最终还是要归功于三位法国工程师：一边是埃德蒙·卡雷（Edmond Carré）和费迪南·卡雷（Ferdinand Carré），另一边是夏尔·泰利耶（Charles Tellier）。他们自1850年起，对此前的装置进行了关键性改良。

其实，毋需检验这三人在这方面的敏锐度，因为“冷”流淌在庇卡底人的血液之中：来自索姆省（Somme）穆瓦兰的卡雷兄弟和来自附近亚眠的夏尔·泰利耶，几乎同时想到在压缩式和吸收式制冷机中使用氨，从而得以持续制冰。极富创业精神的卡雷兄弟于1858年申请了专利。这不仅让他们成为冰箱的官方发明人，还让他们在19世纪下半叶牢牢控制了一部分制冷市场。而没什么生意头脑的夏尔·泰利耶也有出色作为：1867年，他为诺瓦榭勒（Noisiel）的梅尼耶（Menier）巧克力厂配备了制冷机；1876年，他将一艘旧帆船改造成一艘汽船，并在独立的船舱安装了制冷装备；同年9月20日，“冷藏号”（*Le Frigorifique*）从鲁昂（Rouen）起航，于圣诞节当天到达布宜诺斯艾利斯，随船装载了三十吨保存完好的肉类！

另见

罐头（1795年）

（图5-8 弗洛伦丝·帕尔帕特[Florence Parpart]发明的现代电冰箱）

1863年

地铁

伦敦1863年1月便建成了第一条地铁线。四十年之后，经过旷日持久的争论，巴黎才有了自己的地铁。

1860年2月，伦敦地铁动工。两年后，伦敦世博会举行。虽说这条线路已在世博年同游客们见面，但它真正投入运行却是在第二年：1863年1月9日，地铁面向大都会铁路公司的负责人和股东试运行；第二天，这条线路才向大量前来一睹地铁真容的公众开放。当天，人数众多，一票难求。这张宝贵的"入场券"让人能够在不到20分钟的时间里从主教路站（Bishop's Road，后更名为帕丁顿［Paddington］）到达法灵顿站（Farringdon）——这是当时仅有的两站。这条线路总长3.5英里，即大约5公里。

作为一项大胆非凡的技术，地铁同时也是19世纪英国社会变迁的写照。工业革命开始以来，人口不仅大量增长，还不断向城市中心聚集：1860年，伦敦有300万居民，是世界上人口最密集的城市。这一状况带来了不少挑战，交通便是其中之一：由于当时大家的工作时间是固定的，所以需要配合成千上万名工人和雇员的每日通勤和早晚高峰。1824年便出现的马拉车虽然后来开始在铁轨上运行（"有轨马拉车"），发车规律性也大幅提高，但仍不能一劳永逸地解决问题。1860年代初，面对极为窘迫的城市环境，更为宏大的计划诞生了：举全英之力，动员铁路建设领域的所有专家，开发地下空间。

其他城市紧随其后。雅典和伊斯坦布尔分别在1869年和1875年仿效伦敦修建了地铁。不过，巴黎却落到了后面。这还要归因于一场争执：一方面，法国国家政府和大型铁路公司希望以国家利益为重，建设一个优先确保首都各大火车站之间通行的铁路网络；而另一方面，巴黎市政府则希望首先满足本地居民市内出行的需求。这场旷日持久的争论，最后依靠一个权宜之计才暂告结束。1885年，国家政府拿到了适用于火车的轨距，而巴黎市政府建造的隧道截面太窄，容纳不下延伸的铁道！一直到1900年新一届世博会举行之时，连接马约门（la portc Maillot）和文森门（la porte de Vincennes）的第一条地铁线路才得以建成。不过，撇开这些持续了一个多世纪、如今仍时有回响的争论不谈，可以肯定的是：如果没有地铁，巴黎便不是巴黎。

另见

蒸汽机（1687年）
蒸汽机车（1804年）

1874年

带刺铁丝网

1874年，美国伊利诺伊州的农场主约瑟夫·格利登（Joseph Glidden）发明了带刺铁丝。它曾是种植户和养殖户的盟友，后又成为士兵的敌人……

在美国中西部平原，种植户和养殖户并非总能和谐共处。一群走错路的家畜，所到之处可能会糟蹋整片庄稼。人们很早便找到了解决办法：放置能够保护作物的栅栏。不过，要把这些广袤无边的耕作空间围起来，着实劳民伤财。再加上需要定期维护保养，这项工作可谓永无完结之日！

1870年代初，来自芝加哥附近迪卡尔布村（DeKalb）的农场主约瑟夫·格利登似乎找到了解决方案：在铁丝上缠绕一些小尖刺一样的东西，可以让数量众多或凶猛无畏的动物们知难而退。问题是：这些“刺须”总会沿着铁丝滑落，造成一些空隙，根本无法阻拦那些誓要冲破围栏的牲畜。传说格利登通过观察妻子对咖啡研磨机的操作，想出了一个绝妙的主意：把两根铁丝缠绕在一起，一根带着刺须，另一根和它紧紧拧绕，确保稳固性。1874年11月24日，他为自己的发明申请了专利，为它取名“赢家”（« The Winner »）。

“赢家”首先在养殖户当中引发了一些抵触情绪。他们一上来先拿钳子摆弄了一通，随后很快承认它的好处，并武装了自己的栅栏。应该说，这一装置性能优良，坚固持久且价格便宜。1882年，新罕布什尔州（New Hampshire）农业部的一份报告称：“在西部的极端条件下，带刺铁丝无疑是最有效的。和无刺铁丝不同，带刺铁丝能耐高温，相互缠绕的结构避免了热胀冷缩引起的滑落，且更不易变形或断裂。牢牢固定的刺须在有效驱赶试图闯入围栏的野兽的同时，又不致其受伤。作为交通和建筑用材，它轻便小巧；应用广泛，多种多样；安装简便；使用寿命极长；适于各种用途。”就这样，约瑟夫·格利登和当地一位产业家合伙，1875年便制造了270吨带刺铁丝网……到了1901年，产量更是达到15万吨。因此，迪卡尔布又名“刺城”（« Barb City »），以此纪念发迹于此的带刺铁丝网。

不过，幸福并未长久驻足牧场：当带刺铁丝网从麦田来到战场，特别是第一次世界大战的战场，这一发明很快便展现出了可怕的杀人潜质……

另见

收割机（1831年）

坦克（1917年）

1876年
电话

历史上第一次电话通话发生在1876年的美国，这要得益于亚历山大·格拉汉姆·贝尔的发明……

与电报相比，电话的发明是一个重大的技术突破：不再是根据一套业已建立的代码系统传播电脉冲信号，而是直接传播各种不同的声音本身。有一个人尤其对声音抱有极大热忱，他就是亚历山大·贝尔。他1847年出生于爱丁堡，祖父亚历山大·贝尔是语言结构学专家，父亲亚历山大·梅尔维尔·贝尔（Alexander Melville Bell）是声学研究人员。祖孙三代同名，再加上母亲伊丽莎·格雷丝（Eliza Grace）患有听障，很容易让人认为这一切都是命中注定！在伦敦完成声音生理学学业后，贝尔随父母一起踏上了新大陆。1870年，他们来到加拿大；次年，父亲在波士顿得到了一份工作，于是他们举家前往。在那里，年轻的贝尔开始为听障人士上课。在他第一批学生中有一位名叫玛贝尔·加德纳·哈伯德（Mabel Gardiner Hubbard）的姑娘，她于1877年成了贝尔的妻子……

彼时，亚历山大·格拉汉姆·贝尔（他本人决定使用全名）已经制造出让自己青史留名的发明。在进行了大量研究工作并借鉴了祖辈的成果后，他意识到声音是一种机械振动，可以转化为电信号并得到再现。1876年3月7日,他为自己发明的第一台话筒—听筒装置申请了专利。这台装置使用了电磁铁,电磁铁前方还有会根据声音振动的金属膜片:这些振动会引发磁场变化,而磁场变化又反过来在磁铁线圈内产生感应电流……在电线的另一头,是一个能够以对称方式再现这一声音的装置:电流通过电磁铁,带来磁场变化、金属膜片振动并再现发出的声音。由于预感到这一装置会取得成功,这位年仅30岁的青年发明家于1877年建立了拥有无限商业和科学前景的贝尔电话公司。

不过,除了电话机本身以及此后对其进行的诸多改良之外,电话网络的另一个组成部分也催生了诸多象征和幻想,那就是呼叫中心:在这里工作的女性话务员负责为呼入方和被叫方之间建立连接。很快,人们开始尝试发明自动交换设备。1889年,密苏里州(Missouri)一位殡葬企业家阿尔蒙·斯特罗格(Almon Strowger)为此申请了专利。至于他为什么这么做,据信是因为他主要竞争对手的妻子、一名堪萨斯城的话务员将有丧葬之需的顾客的电话都接到了自己丈夫那里……

另见

电磁铁(1820年)
电报机(1835年)
移动电话(1973年)

（图5–9 奥地利籍捷克裔艺术家莫里茨 · 荣格[Moriz Jung]1907年的画作表现了通电话的人）

1883年

垃圾箱

1883年11月，塞纳省省长欧仁·普贝尔(Eugène Poubelle)开发了一个全新装置，用来收集巴黎的垃圾。

长久以来，人类对垃圾采取的都是“自治原则”。隐藏在这一华丽词语背后的，却是更加不堪的事实：垃圾会在被丢弃之地自行腐坏变质。这对尚处游牧阶段的人类社群或许不会造成大的困扰。然而，当人类开始定居，“自治原则”便会引发显而易见的环境卫生问题。在近东地区，埃及、希腊和罗马先后采取了基本的解决措施：和一些清洁举措相比，更常见的做法是将垃圾运送到城外（最好的做法是进行填埋，最差的则是露天堆放）。

但还是有些街区完全处于垃圾的腐蚀之中，并且几个世纪过后依然如此。中世纪专家让-皮埃尔·勒盖(Jean-Pierre Leguay)在《中世纪的街道》(*La rue au Moyen Âge*)一书中对这一赤裸裸的图景进行了描绘：狗和猪吞食街上的垃圾，它们的“粪便恶臭熏天”。面对这种情况，统治者们纷纷采取行动。仅在法国，就有腓力二世、弗朗索瓦一世（开创了垃圾收集服务）以及路易十四等君主试图整治这一问题，但并未成功。巴黎居民似乎从未打算改掉随手从窗户往外扔垃圾（和粪便）这一损害行人利益的陋习……

到了第三共和国时期,这一问题终于得到了解决。1883年10月,时任总统儒勒·格雷维(Jules Grévy)为塞纳省任命了一位以讲卫生著称的省长,欧仁·普贝尔。上任第二个月,这位高官便颁布了一项法令,禁止住户在马路上倾倒垃圾,而要将垃圾放入有盖箱子中,再由门房在指定时间将箱子移出住宅楼。这些箱子由业主提供给租户,规格统一,为的是让专门的大车利用车上配备的起重系统将箱中垃圾倒入车内。

巴黎人从未如此矛盾过:在谴责首都垃圾遍地的同时,他们却开始拒斥这一发明。一些报纸甚至把省长形容为“垃圾处理界的尼禄”,并替拾荒者打抱不平——因为他们人数众多,依靠这座光明之城的垃圾生存,如今却由于新法令的出台而备受威胁。于是,普贝尔法令放宽了政策,允许门房在晚上把箱子移出,方便拾荒者在晚上至第二天早晨期间“寻宝”。和古罗马皇帝韦斯巴芗(Vespasian)发明的“男用公共小便池”(les « vespasiennes »)一样,法兰西共和国省长普贝尔发明的“垃圾箱”(les « poubelles »)最终征服了城市空间,并且一直沿用至今。

另见

下水道(公元前3000年)

1888年
留声机

1888年，埃米尔·贝利纳（Emile Berliner）发明了留声机。虽然这不是第一台录音装置，但它却是最成功的一台！

1853年，法国人马尔丁维尔（Edouard-Léon Scott de Martinville）制造出了一台“声波记振仪”（le « phonautographe »），并于1857年获得了专利。这是第一台录音装置，它通过一个放置在桶状喇叭末端的薄膜，将声音的振动传递给一支细针，这支针再将声音振动刻在表面被烟熏过的滚筒上。唯一的缺陷是：被记录下的声音无法再现！不过，要说明的是，再现声音本来也不是马尔丁维尔的初衷：他只是想从美学和科学角度图像化地记录下声音，以便证明自己在声学领域的研究工作。

二十年后的1877年12月22日，托马斯·爱迪生在美国为早期的留声机申请了专利。这台机器继承了此前类似装置的主要特点，并有一处重大创新：细针不再划出曲线，而是在包有锡纸的滚筒表面根据振动刻下或深或浅的凹槽。当针尖随后再次沿这些凹槽行进时，它便会在薄膜上再现同样的振动，由此产生的声音会经由喇叭进行放大。然而，它还有一处缺陷：这一次，虽然声音确实得到了再现，但滚筒使用起来却并不方便。不过，托马斯·爱迪生仍对留声机充满信心，不仅因为他预感到其前景广阔，更因为他在亚历山大·格拉汉姆·贝尔想到要用涂有蜡的纸卷取代锡纸后，促成了自己的公司与贝尔的公司之间的合作。当爱迪生和贝尔这两位美国发明家强强联手，谁还能与之抗衡！

还真有——发起挑战的是一位德裔移民埃米尔·贝利纳。他1851年出生在汉诺威王国，并于1870年代初来到美国。1888年，他突发奇想，更换了录音介质，用涂有蜡的锌盘（乙烯基一直到1945年以后才出现）取代了滚筒，采用横向刻录法。这台唱盘式留声机及其唱片，一经问世便取得了巨大成功。正如德尼·博杜安（Denis Beaudouin）、乔治·沙普捷（Georges Chapouthier）和米歇尔·拉居（Michel Laguës）在《记忆的发明》（*L'invention de la mémoire*）中所言："在短短二十年时间里，声音录制和再现便从试验阶段进入了面向大众的工业化生产阶段。"那么，作为先驱的马尔丁维尔是否就该被遗忘呢？不。2008年，加利福尼亚伯克利国家实验室的研究员们利用先进的数字技术，成功破译并再现了1860年4月9日录制的一首《月光之下》（*Au Clair de la Lune*）。这段令人动容的录音很快被放到了网上，让我们听到了保存至今最古老的录音。

另见

托马斯·爱迪生（1847—1931年）

电话（1876年）

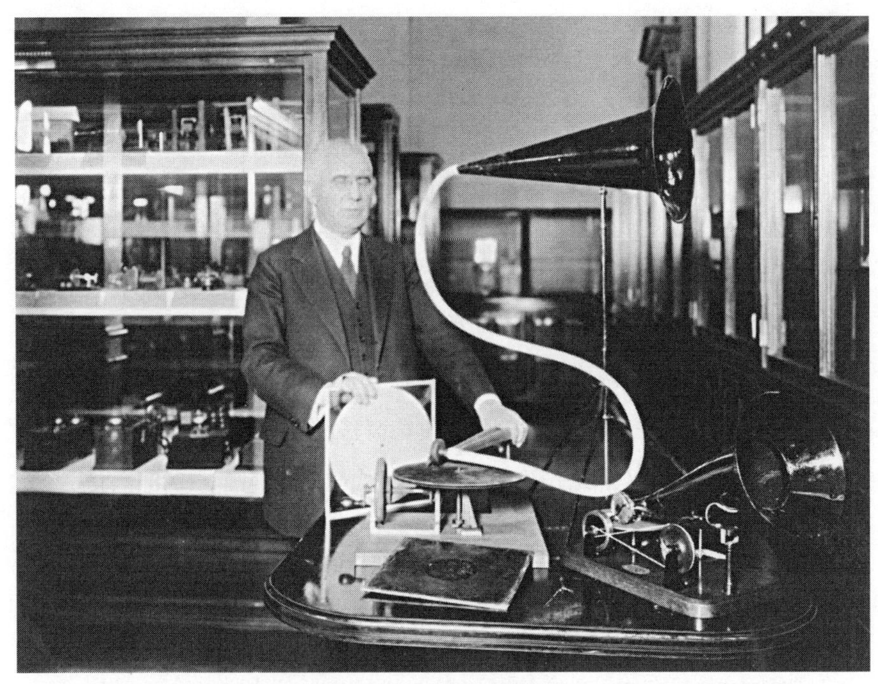

（图5-10 贝利纳与留声机）

（图5-11 位于蒙特利尔的贝利纳留声机公司之一影）

1890年

飞机

1890年，第一架飞机到底有没有飞起来？这一问题尚无定论。关于飞机的发明者，也存在两种说法：克莱芒·阿德尔（Clément Ader）和莱特兄弟。

人类征服天空的历史与人类自身的历史一样悠久——至少在理论层面上确实如此。不信的话，看看征服天空在神话和宗教中的重要性便知：脚踏登云鞋、头戴双翼帽的赫尔墨斯，飞逃出迷宫却羽翼坠落的伊卡洛斯，以及基督徒关于天使长和天使的众多艺术作品……征服天空也是科技发现领域的一大主要课题：亚里士多德曾在《动物志》（*Histoire des animaux*）中研究鸟类的飞行，达芬奇也曾构思他那著名的飞行器。不过，真正征服天空却要历经艰难险阻！

在这方面，有两个派别针锋相对。其中一派是滑翔飞行的支持者，他们的理论依据很可能是风筝这一古老的发明。不过，这一派当中的试飞遇难者不在少数：他们通常选择从地势较高处或高层建筑之上俯冲而下，但试飞却常以失败告终！相比之下，另一边扑翼飞行支持者的损失就没有那么惨重：不管怎么努力，他们始终无法获得足够的人力、动物动力或机械动力，因此也从未离地腾空……问题的关键就在这里：长久以来，“重于空气”的飞行器一直无法获得起飞所需的原动力，这使得蒙戈尔菲耶兄弟等“轻于空气”的飞行器领域的先驱们一直遥遥领先。在此过程中，虽然蒸汽机已经发明，但它过于沉重且动力不足，无法满足那些渴望成为飞行员的人们的需求……

19世纪中叶，蒸汽机得到改良，燃气发动机和内燃机问世之后，才渐渐出现转机。1890年10月9日，来自图卢兹地区的工程师克雷芒·阿德尔很可能正是通过这种方式，在塞纳-马恩省（Seine-et-Marne）的格雷茨-阿尔曼维利耶城堡（le château de Gretz-Armainvilliers）公园内，驾驶一架机械飞行器成功起飞。这架“风神号”（*Éole*）飞行器翼展14米，重295公斤，配有一台二十马力发动机和一架四叶竹质螺旋桨，飞行了五十多米的距离……虽说这更像是一次腾跃而非一场真正的飞行，但这一壮举确实空前绝后。此后的试飞都未能取得这样的成绩，连“和风号”（*Zéphyr*）和“朔风号”（*Aquilon*）这两架后来制造的新“飞机”也不例外。1903年12月17日，美国自行车制造商莱特兄弟驾驶配备十二马力内燃机的“飞行者号”（*Flyer*），成功实现了公认的第一次飞行。他们的这次尝试其实也只是一次腾空而非一次真正的飞行。他们共连续进行了四次公开飞行表演。

另见

风筝（公元前3000年）

莱奥纳尔多·达芬奇（1452—1519年）

热气球（1783年）

1895年
电影

吕米埃(Lumière)两兄弟一生中总共申请了两百多项专利，但其中最为人称道的则是他们1895年发明的最出色的梦工厂：电影。

“该设备运行机制的主要特征在于让一条打有规则孔洞的胶片间歇性移动。在此期间，人们对胶片画面的印象或视觉会发挥作用。”只言片语便几乎道尽玄机……这是奥古斯特·吕米埃(Auguste Lumière)和路易·吕米埃(Louis Lumière)两兄弟1895年2月13日在他们的“电影放映机”专利申请书前言中对机器工作原理的描述。显然，这台放映机的技术背景更为复杂：偏心轮将手柄的旋转变为来回的垂直运动，两个抓片钩带动打有孔的胶片通过带槽隔板，每秒16个画面的放映速度，以及关键的一点——获得的负片经过冲洗后能够变为正片，这让这台不足5公斤重的小型设备集摄影和放映功能于一身……

时年分别32岁和30岁的两兄弟在这方面可不是新手。他们的父亲安托万·吕米埃(Antoine Lumière)是一名摄影师，发迹于贝桑松，1870年因受普鲁士人的威胁来到里昂。自两个孩子入读里昂最大的技术学校——拉马蒂尼埃(La Martinière)学校起，这位父亲便鼓励他们投身于这一飞速发展的领域。醉心化学的路易于1881年研制出“蓝色标签”(l’« étiquette bleue »)这一方便使用的干版摄影技术,为家族创造了不少财富:他们在里昂郊区的蒙普莱斯尔(Monplaisir)建造了一座工厂,以便满足人们的需求。1880年代末,该工厂的干版日产量已达近500万!

1894年秋,安托万在巴黎参观了爱迪生发明的两台设备:“电影摄影机”(le « kinétographe »)和“电影视镜”(le « kinétoscope »)——“电影摄影机”用35毫米的软质胶片拍摄到三十多秒的画面,“电影视镜”每次可供一位观众把眼睛贴在其上欣赏这些画面。一回到里昂,安托万便鼓励两个儿子改进这一设备,且很快有了成果。1895年3月22日,路易·吕米埃在巴黎放映了《工厂大门》(*Sortie d’Usine*)。这虽然不是历史上第一部电影,但却是首次在室内公开放映的电影。此后,《工厂大门》、《钓金鱼》(*La Pêche aux poissons rouges*)和《婴儿的一餐》(*Le repas de bébé*)等影片又在巴黎、里昂、拉西约塔(La Ciotat)、布鲁塞尔、卢万(Louvain)和格勒诺布尔继续进行了十一场非公开放映。直到1895年12月28日,首次公开付费放映在巴黎大咖啡馆(le Grand Café)的印度厅举行……由此开启了一场永不停歇、不断翻新的华丽冒险!

另见

摄影术(1826年)

托马斯·爱迪生(1847—1931年)

（图5-12 吕米埃兄弟）

1895年

X射线

1895年，物理学家威廉·伦琴（Wilhelm Röntgen）发现了一种未知射线，由此开启了一场介于科学和医学之间的伟大历险。

1895年11月8日，威廉·伦琴在维尔茨堡（Würzburg）大学物理研究所的实验室彻夜工作。这显然不是他第一次这么做：这位经验丰富的实验员1845年生于威斯特伐利亚（Westphalie），他醉心研究，在这方面从不吝惜花费时间。但是，这个夜晚将会牢牢铭刻在伦琴以及所有受惠于伦琴研究成果的科学家心中。次年，伦琴自述道："我对阴极射线的兴趣由来已久。赫兹（Hertz）和莱纳德（Lenard）已对这一领域进行过专门研究［……］我曾想，等我有时间一定也要自己研究一下［……］我使用的是一根被黑纸完全包裹的克鲁克斯（Crookes）管，旁边桌上还有一张氰亚铂酸钡纸板。在接通了克鲁克斯管的电源后，我发现纸板上有一条奇特的黑线。光肯定不是管子发出的，因为管子被包裹得严严实实［……］我认为这可能是某种新的、未知的事物。"

有必要解释一下：克鲁克斯管这一实验设备得名于它的发明者威廉·克鲁克斯（William Crookes），是一根两端封有阴阳电极的玻璃管。在将管内空气抽空后，用线圈通入交流电，会在玻璃管两极之间出现放电现象。德国物理学家约翰·威廉·希托夫(Johan Wilhelm Hittorf)1869年首次发现阴极发出的射线(或称“阴极射线”)后,众多科学家呕心沥血,只为揭示其中的奥秘。最终,约瑟夫·约翰·汤姆孙(Joseph John Thomson)取得了成功,他于1897年发现了电子。而伦琴1895年11月8日利用氰亚铂酸钡纸板发现的“某种事物”,其实是某种射线。他在同年12月28日首次通报自己的研究时,提议将其称为“X射线”,因为它们确实是未知的!

同时,这位物理学家还曾将不同物品置于电子束和屏板之间。1895年12月22日,他甚至建议自己勇敢的伴侣将手放置于其间……从而又发现了医用X射线!这一发现开辟了广阔的前景:对基础研究本身而言,在对X射线的电磁本质的理解方面,马克斯·冯·劳厄(Max von Laue)于十七年后迈出了决定性的一步;对X射线的应用而言亦是如此。1901年,威廉·伦琴凭借这一发现成为了历史上首个诺贝尔物理学奖的获得者。

另见

摄影术(1826年)
阿尔弗雷德·诺贝尔(1833—1896年)

1896年
无线电报机

人们通常认为马可尼(Marconi)是无线电之父,但我们不应忘记无线电报机的诞生以及众多著名科学家所发挥的作用。

无线电的历史起源于1896年6月2日。这一天,古列尔莫·马可尼(Guglielmo Marconi)在英国注册了一项专利,“对电脉冲和电信号的传输进行了改善”。这位意大利物理学家、商人随后还在大西洋两岸注册了其他专利,并参考塞缪尔·莫尔斯六十年前制造的装置,称自己的发明为“无线电报机”。无线电报机和电报机性质相同,都能够远距离传输信号,但它的先进之处在于:无需部署复杂昂贵的电缆网络,因为波会神奇地在空气中自行传输!

“波”?没错,正是这样。一提起这个词,就会让人想起这部“正史”之前、由19世纪最伟大的科学家们谱写而成的那段“史前史”。先是法拉第:他因发现电磁感应而被视作电力工业的开创者……但我们也可以说他是无线电通信的开创者,因为他曾预测电力和磁力会像波浪或“被搅动的水面的波纹”一样传播。接着是物理学界的里程碑式人物麦克斯韦,他主要研究电磁学和光的本质:他为法拉第的直觉提供了理论基础,在超过一个半世纪后的今天,他的理论仍然备受研究者的推崇。然后是赫兹:他1888年在卡尔斯鲁厄(Karlsruhe)进行的出色实验,证明了电磁波特别是后来被称为“赫兹波”的无线电波的存在。1890年代,更多名字出现在这份名单上:研究无线电检波、发明粉末检波器的法国人爱德华·布朗利(Edouard Branly)和英国人奥利弗·洛奇(Oliver Lodge),利用粉末检波器检测到暴风雨并为该装置加上一根天线的俄国人亚历山大·波波夫(Alexandre Popov),还有欧仁·迪克勒泰(Eugène Ducretet)和尼古拉·特斯拉(Nikola Tesla)……

总之,虽说存在公认的无线电之父,但在他之前更有无数始祖……马可尼像一位经验丰富的收割者,集前人研究成果之大成:1895年,他在赫兹曾经的设备上增加了布朗利的粉末检波器和波波夫的天线,创建了著名的无线电报及信号公司。1899年,该公司实现首次横跨英吉利海峡的通信。两年后,马可尼又在相距3 600公里远的康沃尔郡(les Cornouailles)和纽芬兰岛(la Terre-Neuve)之间实现了横跨大西洋的通信。

另见

电磁铁(1820年)
电报机(1835年)

第六章　20世纪

20世纪，发明界发生了一系列翻天覆地的变化。其中一些早在此前一个世纪便埋下了伏笔。这主要涉及一个收益的问题：某项大获成功的发明很可能成为有利可图的商机。当然，诺贝尔和爱迪生等人或许早就意识到了这一点。但在这一时期，数量级再创新高，并在全球化和新技术发展的作用下一路高歌猛进：20世纪末，发明者能以数千美元成立自己的“创业公司”，并于次年以数亿美元的价格将其转卖……总之，创意产业的整套观念都被颠覆了。达芬奇、富兰克林甚至贝尔如果了解这些后继者们的发迹过程，应该会深感震惊！

与此同时，发明愈发作为集体工作的结晶，而非个人努力的成果。当然也存在一些例外情况。一些早有准备、专注认真的幸运儿有时也足以带来决定性的转变。但通常来讲，需要多人共同努力，才能发出阿基米德“尤里卡”的胜利欢呼，而其中每个人的贡献并不容易区分。机器人、计算机、移动电话、无线网络等其他一些设备通常存在一位公认的“发明之父”或“发明之母”，但其他十几人甚至几百人的贡献却时常被人遗忘。火箭、雷达、卫星或因特网等一些为满足战略需求而生的装备尤为如此。它们的研发工作通常是高度机密，需要历史学家后期花费大量时间进行研究。

另一个问题也由此引发，它是这个技术进步加速、悲剧不断上演的时代的核心问题：战争是否已成为发明的主要推动力？这是一个值得探讨的话题，虽然我们并不难发现，很多时候，战争时期最伟大的发明不过是将以往业已形成的理论和原理付诸实践。这方面最著名的例子，便是人类在第二次世界大战中对原子的驾驭。

1914—2000年
海蒂·拉玛

"世界上最美丽的女人"海蒂·拉玛(Hedy Lamarr)曾发明一项通信安全技术:跳频技术。

黑德维希·伊娃·玛丽亚·基斯勒(Hedwig Eva Maria Kiesler)是发明史上的一颗流星!她1914年11月9日生于维也纳,自幼便对电影拥有浓厚兴趣。她在1966年出版的自传《〈神魂颠倒〉与我》(*Ecstasy and Me*)中坦言:"我曾将零花钱挥霍一空,只为在陷阱一般的电影杂志中解闷儿。"她的父亲是一位银行家,母亲是一位钢琴家。她曾经每天放学后都去萨沙电影公司(Sascha-Film),那是默片时代奥地利最著名的公司。在那里,她的绝世美貌很快引起了不少导演的注意。1931年,格奥尔格·雅各比(Georg Jacoby)导演的电影《杯中风暴》(*Tempête dans un verre d'eau*)在奥地利和德国上映,黑德维希在其中扮演了一个小角色,由此开启了自己三十多年的演艺生涯。

1933年,黑德维希全裸出演了古斯塔夫·马哈季(Gustav Machatý)导演的电影《神魂颠倒》,并在其中表演了性高潮——这在当时曾让舆论哗然!这次惊艳亮相后,她便嫁给了一位军火大亨弗雷德里希·曼德尔(Friedrich Mandl)。这位军火商忌妒心重且冷酷无情,黑德维希就像金丝笼中的鸟儿一样被他囚禁。一直到1937年,她才通过给女管家下迷药从家中成功出逃,乘火车到巴黎,然后化名海蒂·拉玛投身好莱坞。随后,在美高梅公司副总路易斯·梅耶(Louis B. Mayer)的支持下,海蒂得以与金·维多(King Vidor)、维克多·弗莱明(Victor Fleming)等当时最伟大的导演合作。1948年,导演塞西尔·德米尔(Cecil B. DeMille)甚至邀请她出演电影《参孙和达莉拉》(*Samson et Dalila*)的女主角。只可惜这是个残酷的圈子。在票房上屡遭失败后,她便逐渐远离了电影,并在1960年代息影。

但是,海蒂的生活中还有一段不为人知的故事。她在自己的回忆录中对此只字未提,这也让这段故事更加扑朔迷离。1940年,她在钢琴家及作曲家乔治·安太尔(George Antheil)的协助下发明了一种绝佳的通信机制,让战舰和侦察机能够在不受敌方无线电信号干扰的情况下保持联络。一些人直指海蒂剽窃,甚至怀疑她利用自己的美貌诓骗了某位达观的科学家……美国海军在对这一不断改变发射信号频率的方法进行研究后,决定将其列为"国防机密",完全无视了二位发明者1942年8月11日提交的专利申请。很多年后,人们才认识到这位演员的智慧,以及她在1930年代研究弗雷德里希·曼德尔研发的机制时获得的灵感。1997年,已步入暮年的海蒂·拉玛获得了电子前线基金会(Electronic Frontier Foundation)颁发的先锋奖(Prix des

Pionniers)。半个多世纪过去了,这位曾作为《白雪公主》形象蓝本的“世界上最美丽的女人”,终于被认可为一位杰出人才……

另见

无线电报机(1896年)

雷达(1935年)

(图6-1 海蒂·拉玛)

1915年

声呐

在第一次世界大战最后几个月间诞生于法国的声呐技术，很快便在1939—1945年的第二次大战中证明了自己的有效性。

残肢断躯、泥泞肮脏、尸横遍野……一战总让人想起一系列可怕的画面，人们在战场上殊死搏斗，只为将敌人击退。不过，战场早已延伸到了前线之外，尤其是在海上：德国强大的U型潜艇排成纵队，与对手进行了血腥交战。彼时，潜艇已不是新生事物。早在1620年代，科尼利厄斯·德雷贝尔（Cornelius Drebbel）便在泰晤士河上测试了一艘由十二位桨手驱动的配有通气管的小艇。随着技术的进步以及19世纪与20世纪之交柴油发动机和潜望镜的发明，潜艇终于成为了令人闻风丧胆的武器。

不过在一战之初，协约国尚未认识到这一新的威胁。1914年9月22日，现实给他们上了刻骨铭心的惨痛一课：在一小时之内，德国U–9号潜艇已在北海击沉了三艘英国巡洋舰。更糟糕的是，1915年5月7日，皇家邮轮卢西塔尼亚号（RMS *Lusitania*）在爱尔兰外海被U–20号潜艇发射的鱼雷击沉，1 200多名乘客遇难。这引起了国际社会的集体抗议，同时也刺激了有关水下袭击防御方法的研究。早期研究成果便是被动测距系统的开发以及测定潜艇声音位置的水听器的发明。不过,当操作员听辨出敌方潜艇的声音时,通常已为时过晚!

俄裔科学家康斯坦丁·希洛夫斯基(Constantin Chilowski)想出了超声波测距的方法,并在1915年向法国政府提交了自己的设想。法国政府随后委托杰出科学家保罗·朗之万(Paul Langevin)负责开发工作。这两位物理学家的研究取得了可喜成果,前景广阔,于1916年4月转至位于土伦(Toulon)的海洋研究中心。次年,以反潜侦测调查委员会(ASDIC,即Anti-Submarine Detection Investigation Committee)命名的ASDIC潜艇探测器问世:保罗·朗之万提议利用石英的压电效应(该现象由皮埃尔·居里和雅克·居里在1880年发现),将超声波的反射波转换为电信号,电信号再经接收器放大并反馈。这一比水听器更为有效的设备,自1918年夏季起逐渐得到开发……虽说这对于一战而言已有些晚,但对于二战而言尚有时间进行应用。在经历了多次改良后,这一设备在二战期间有了新的名字:声呐,即声音导航与测距。

另见

小船(公元前8000年)
雷达(1935年)

（图6-2 声呐）

1917年
坦克

突击坦克的发明条件早在第一次世界大战前便已具备。但等来把坦克制造推向必然的“东风”却是在1915年。

战车的使用由来已久，公元前三千纪中期起便见于美索不达米亚。著名的乌尔军旗的“战争面”就是最佳体现。为战车配备装甲的想法虽然出现得更晚，但也并非昨日之事：达芬奇1482年就曾设想过。他曾向卢多维科·斯福尔扎建议制造一种堪称真正的移动炮台的圆形装甲车。这台能够容纳八人的装甲车周身覆盖金属板，配备轮子和大炮，能够以迅雷不及掩耳之势将敌人一网打尽。总之，对于自1917年4月开始出现在战场上的现代坦克而言，没有一个部件是新发明，就连履带也不是——那是美国人本杰明·霍尔特（Benjamin Holt）为装配农用器具设计的，他于1907年12月19日获得了专利。

既然制造坦克的所有条件在一战爆发之前便已具备，为什么坦克却迟迟未投入实战呢？首先，这是出于战略构想的考虑：1914年8月，尤其在法国，总参谋部仍然坚信骑兵和步兵具有压倒性优势。而现实是残酷的：1914年8月22日，身着红裤子的法国军队在沙勒罗瓦（Charleroi）举起刺刀向德军阵地冲锋，一天之内便有27 000名士兵牺牲！渐渐地，随着作战双方为避免此类大规模伤亡重演而筑壕设防，一些长官纷纷效仿炮兵上校让·艾蒂安（Jean Estienne），建议使用装甲车辆。但事情并没有那么容易：战场早已处处是前线，弹坑满布、泥浆遍野、铁网横亘……能否制造出可以在这无人区穿梭自如而不破坏战场的作战车，可谓是一场赌博。自1915年开始，英国人和法国人先后尝试了多种方案，但结果却一言难尽：这批最早的战车由于速度过慢、过于沉重且不易操作，成为敌方炮手的主要攻击目标。1917年4月16日，在贵妇小径（le Chemin des Dames）争夺战中，位于贝里–欧–巴克（Berry-au-Bac）的128辆参战坦克中有76辆被击毁。

最终，艾蒂安将军（他在1916年获得提拔）和企业家路易·雷诺（Louis Renault）带来了曙光。他们不约而同提出了设想，并最终制造出装备有一门37 毫米火炮和一挺机枪的FT–17轻型坦克。该型号坦克可容纳两名乘员，车速可达8公里/时。更重要的是，FT–17轻型坦克很快得到大规模生产，数量达三千多台。从1918年夏天起，敌方便开始被四面而来的坦克包抄围剿。胜利属于坦克！

另见

火药（1044年）

莱奥纳尔多·达芬奇（1452—1519年）

带刺铁丝网（1874年）

米哈伊尔·卡拉什尼科夫（1919—2013年）

（图6-3 雷诺FT-17系列坦克）

1919—2013年
米哈伊尔·卡拉什尼科夫

米哈伊尔·卡拉什尼科夫(Mikhaïl Kalachnikov)发明过几十种武器,而尤其让他扬名天下的是世界上使用最普遍的一款突击步枪……

"我因自己造成的众多伤亡而承受着巨大的精神痛苦:我是一个基督徒,一个东正教信徒,难道要为所有这些死伤负责吗?"这几行字是一个人在2012年写给莫斯科大牧首基里尔(Cyrille)的。写下这些话的人彼时已临近生命的黄昏,但他的名字早已永世流传。他就是米哈伊尔·卡拉什尼科夫。

米哈伊尔1919年11月10日生于西伯利亚库里亚(Kouria)一个"富农"(« koulaks »)家庭。所谓"富农",在那时是指拥有足够土地、能够雇佣一些农工的人。总之,对于总能在任何地方发现"人民公敌"的当局而言,这些富农也是人民的敌人。1930年,卡拉什尼科夫一家被流放至西伯利亚某一处地方(这也还不算太背井离乡)。虽然一切尽失,但父亲和十九个孩子中的好多个仍然保持着对打猎的热情。小米哈伊尔便是其中之一,他很早便开始学习火器的原理和操作。17岁时,他被分配至突厥斯坦—西伯利亚铁路担任技术员。1938年,米哈伊尔应征入伍，在基辅（Kiev）的一个装甲师服役。一心想成为坦克驾驶员的他，对坦克以及包括托卡列夫（Tokarev）半自动手枪在内的许多枪械提出了多项技术改良建议。他也因此吸引了上级的注意。

1941年6月，德军入侵苏联，"伟大卫国战争"打响。此时的米哈伊尔·卡拉什尼科夫是一辆T-34坦克的车长。纳粹的铁蹄肆虐苏联红军，米哈伊尔在布良斯克（Briansk）战役中受伤，此后一直在医院治疗，直至1942年4月。他利用这几个月的时间发明出了一款突击步枪，而这种枪的特点也确保了它日后的成功：卡拉什尼科夫自动步枪造价低廉，便于使用和养护，且坚固耐用。即便是在水下或沙漠等极端条件下，它也几乎不出故障。1947年，这款步枪开始大规模装备苏军（AK-47之名即由此而来），并很快风靡世界，成为作战人员最为推崇的武器。据估计，自AK-47发明以来，共制造了至少一亿支原装或仿制的AK-47。

卡拉什尼科夫自动步枪受害者的人数尚难以确定。不过，对于这位临终前投入上帝怀抱的发明者而言，那些受害者早已对他构成重大困扰。莫斯科大牧首基里尔则并未过度责备。作为对米哈伊尔·卡拉什尼科夫所受煎熬的回应，大牧首在一封公开信中安慰卡拉什尼科夫："如果某种武器是用于保卫祖国，那么教会支持该武器的发明者以及使用这一武器的士兵。"

另见

火药（1044年）

手枪（1836年）

坦克（1917年）

（图6-4 米哈伊尔·卡拉什尼科夫）

1921年

机器人

先说明：1921年，机器人最先出现在一出戏剧之中。而且，当时就已涉及机器人针对人类发动的起义……

在机器人之前，先是自动装置。罗马作家奥卢斯·革利乌斯（Aulu-Gelle）认为，自动玩具诞生于公元前4世纪的古希腊。他曾在《阿提卡之夜》（*Nuits Attiques*）第十卷中，提到了柏拉图的好友塔兰托的阿基塔斯（Archytas de Tarente）自己制作的一只木制小鸟。这只小鸟可以借助气囊内"隐藏的空气"飞翔，这大致相当于打开一只充满气的气球的进气口，为其放气。此后的一个世纪，还有拜占庭的费隆和克特西比乌斯。之后，亚历山大港的希罗在公元1世纪的专论《自动机械》（*Automata*）中详述了自己的新发现。到了中世纪和近代，这方面的成功也并未停止：《法兰克王家年代记》（*Annales royales franques*）曾提及，来自巴格达的哈里发哈伦·拉希德于807年赠予查理曼大帝一座自动装置。我们还会想起文艺复兴时期的达芬奇以及启蒙时期雅克·沃康松的诸多发明。

虽然自动机械十分令人惊讶，但它却有一个重大缺陷：它只是在不断地重现其装置中的齿轮的运动。但机器人就是另一回事了。"机器人"一词最早见于捷克剧作家卡雷尔·恰佩克（Karel

Capek)的一出科幻剧作中。这部作品名为《罗素姆万能机器人》(*Rossumovi Univerzální Roboti*),于1921年在布拉格上演。源于斯拉夫词语"rabota"("苦役")的"robotnik"一词,今天在波兰仍然指工人。与自动机械相反,作家想象中的机器人拥有基本的智能,能够完成多重任务。当然,这还只存在于这位多产作家的脑海之中:在演出中,这些机器人的角色是由人类演员扮演的。不过,这并不妨碍1921年成为机器人历史上的里程碑之年。二十年后,艾萨克·阿西莫夫(Isaac Asimov)短篇小说《骗子!》(*Menteur!*)的出版又是另一个里程碑。在这部作品中,阿西莫夫提出了机器人三定律:1. 机器人不得伤害人类,或因不作为而使人类暴露于危险之中;2. 机器人必须服从人类的命令,除非这些命令违背第一条定律;3. 机器人必须保护自己,只要此种保护不违背第一条和第二条定律。

应该承认,卡雷尔·恰佩克笔下"罗素姆万能机器人"工厂的机器人的起义引发了一些担忧:它们的造反会带来人类的彻底灭亡。随着机器人技术的持续发展和此类电影的成功,这样一种恐惧便再也没有消失……

另见

莱奥纳尔多·达芬奇(1452—1519年)
塔基丁(1526—1585年)
生体模仿学(未来)

1926年
电视机

1926年，第一个通过电视机传送的画面将电视机的发明者、一位《泰晤士报》记者、英国皇家科学院的成员们以及一位腹语表演者聚集在了一起……

电视机的历史始于报纸上的一则小广告。1926年1月28日，伦敦《泰晤士报》报道“一台新型机器实验成功”，而这台机器就是机械式电视机（le Televisor）。英国历史最悠久的科学院之一皇家科学院的一些成员，纷纷前往位于苏豪区（Soho）的约翰·洛吉·贝尔德（John Logie Baird）的实验室，一睹这一发明的风采。这位苏格兰电子工程师向大家展示了这样一台机械装置：它由一个打有孔洞的木质圆盘构成，这些孔洞配有透镜，而转动的透镜前又有快门和光电元件。《泰晤士报》称，“有了快门和透镜，位于机器前的物体或人的图像便可传至光电元件”，而光电元件中的“电流会随着光线的强弱而变化”。这股电流会为安装在类似发射器的接收器后的一处光源供电，此外，还有一个玻璃屏幕用来重现原始画面。

《泰晤士报》仅用三十行篇幅描述的这一画面，便是历史上第一个通过电视机传送的画面。它呈现的是一个被腹语表演者操纵的木偶的头部。约翰·贝尔德这么做，是为了证明自己的发明能够重现人脸的运动。但是，历史并没有告诉我们他为何没有随后立即选用自己或助手的真脸进行实验：他当然知道自己的这台机器没有任何危险……难道只是因为迷信吗？在实验中选用腹语表演者（也可称魔术师）的这一"诡计"，也使皇家科学院的代表们更加谨慎。为验证这一实验，代表们要求原本放置在一起的发射器和接收器被分别安放在两个不同的房间。但他们不过是再次见证了奇迹。《泰晤士报》的撰稿人写道："贝尔德先生的这一装置能够带来怎样的实际应用，尚有待时间的检验……"

未来很快便回答了这个问题：人们已经掌握了声音的远距离传输，现在又掌握了图像的传输……英国政府以及其他国家的政府很快意识到机械式电视机的巨大益处：它可以向公民传递决策和信息，并让他们足不出户便能直接享受文化或娱乐生活。而在法国，"电视机"（la « télévision »）的首次公开亮相是在1931年4月14日。工程师勒内·巴泰勒米（René Barthélémy）在位于马拉科夫（Malakoff）的高等电力学院（Ecole supérieure d'électricité）校园内组织了这场演示。当时，这位电视机先驱请自己的助手苏桑·布里杜（Suzanne Bridoux）介绍了亨利·马蒂斯（Henri Matisse）八年前的画作《拿扇子的西班牙女人》（*Espagnole à l'éventail*）。总之，如果说电视机是英国人发明的话，那么女播音员则绝对是"法国制造"！

另见

无线电报机（1896年）

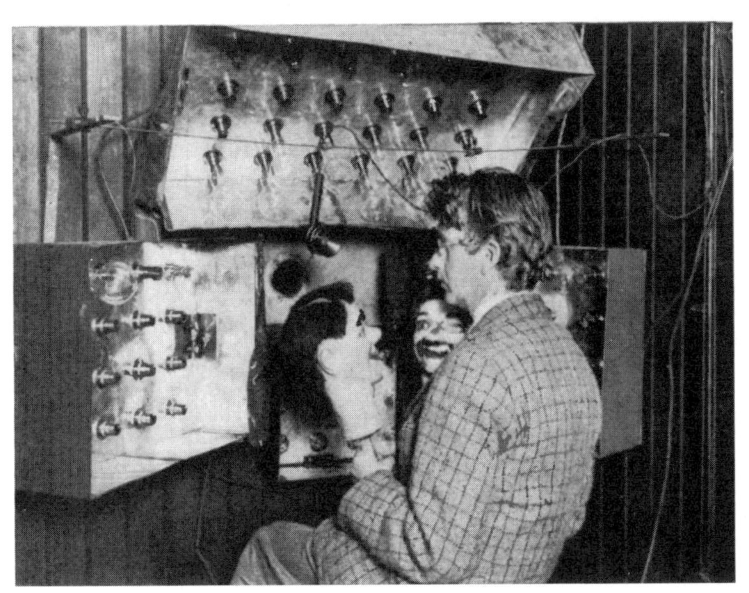

（图6-5 约翰·洛吉·贝尔德的实验）

1926年
火箭

儒勒·凡尔纳(Jules Verne)听了可能会不高兴:人类升空靠的可不是炮弹,而是火箭……第一架火箭原型于1926年制造。

“我认为炮弹是人类的力量最光辉的表现,人类全部的力量都在一颗炮弹上表现出来了,人类创造了它,这说明人类已经和造物者相差无几了……”“大炮俱乐部”这位“非典型”的秘书梅斯顿(Maston)如此一番辩护,点燃了同仁们的热情:人类将乘坐特制的炮弹抵达月球,除此之外别无他法!这便是儒勒·凡尔纳1865年的作品《从地球到月球》(*De la Terre à la Lune*)中对征服太空的设想。此后,不少人也紧跟凡尔纳的脚步创作了自己的作品:1875年,作曲家雅克·奥芬巴赫(Jacques Offenbach);1901年,作家赫伯特·乔治·威尔斯(Herbert George Wells)以及次年的导演乔治·梅里爱(Georges Méliès)……不过,有一个不容忽视的问题:先不说这枚炮弹以及推动炮弹所需的重达“六万八千零四十吨”的大炮在技术上能否实现,这种升天方式本身就不可能让任何人活下来!

20世纪初,着迷于太空旅行前景的俄国教师康斯坦丁·齐奥尔科夫斯基(Constantin Tsiolkovski)想出了另一种对策。作为一位自学成才的研究者，他在这一难题上已钻研多年。1895年，他还发表了一部科幻作品《地空梦》(*Rêve de Terre et de ciel*)，其中描述了太空移民。1903年，他在《利用反作用仪器进行太空探索》(*L'exploration de l'espace cosmique par des engins à réaction*)中提出利用液体燃料、氢气和氧气来摆脱地球引力：一个世纪后，人们仍然在借鉴这一充满远见的想法。同样令今人受益的还有"齐奥尔科夫斯基方程"。这是天文学领域的基本公式，用于计算航空器的大小。可惜的是，这位中学教师当时的研究并未受到俄国政府的重视，他也无法将其付诸实践……

二十年后，来自美国马萨诸塞州伍斯特(Worcester)的工程师罗伯特·哈钦斯·戈达德(Robert Hutchings Goddard)终于在发射的问题上实现了跨越！在赫伯特·乔治·威尔斯的作品以及能查阅的所有研究成果(包括康斯坦丁·齐奥尔科夫斯基的成果)的影响下，戈达德成功研制出一架液体燃料小火箭"尼尔号"(« Nell »)。1926年3月16日，这枚火箭在2.5秒的飞行时间里达到了12米的飞行高度。这个不怎么样的成绩甚至还遭到了嘲笑。当地报纸就曾报道："不着调登月火箭错失384 400公里外目标。"但火箭的发展从此步入了正轨，虽然此后的情况让人喜忧参半：这次试发十年后，纳粹德国开始在波罗的海沿岸的佩纳明德(Peenemünde)建立军事基地，并发射了可怕的V1和V2型火箭。值得庆幸的是，后来也取得了其他一些和平成就……

另见

火药（1044年）

卫星（1957年）

埃隆·马斯克（1971— ）

（图6-6 罗伯特·哈钦斯·戈达德在历史上第一架火箭“尼尔号”旁）

1935年
雷达

雷达的发明通常会被归结为一个年份和一个名字：1935年，沃特森-瓦特。对于雷达这一探测设备的历史而言，这样的概括未免过于简单化。

1935年1月，英国空军部组建了一个空防研究委员会，并委任国家物理实验室研究员罗伯特·沃特森-瓦特（Robert Watson-Watt）负责飞机定位装置的研究工作。很快，这位科学家便起草了一份关于“采用无线电方法探测并定位飞行器”的报告，并在得到了几乎无上限的财务资助后，在萨福克（Suffolk）海岸开展了首批实验。1935年4月2日，罗伯特·沃特森-瓦特便为新型无线电探测系统申请了专利。同年底，开始在伦敦周边建立五个“无线电测向”（« Radio Direction Finding »）基站——当时还不叫“雷达”。1939年，基站总数达十八个，形成了一条“本土链”（« Chain Home »）。在次年的不列颠之战中，英勇无畏的英国空军能够战胜令人闻风丧胆的纳粹德国空军，这条保护链可谓功不可没。

这个故事虽然一气呵成，但其中依然有几个地方需要明确。首先，无线电探测并非这位英国物理学家一拍脑袋的想法。它可谓由来已久。其实，在19世纪末无线电报机刚刚发明之时，尼古拉·特斯拉就已提出了这一想法。1904年，德国的克里斯蒂安·侯斯美尔（Christian Hülsmeyer）将这一想法变为现实，发明了用来确定船舶位置的"电动镜"（« Telemobiloskop »）……不过这一装置在当时并未引起多大注意，原因在于：它不到3千米的探测范围并未超出人眼可及的范围，且它并不能测出船的方向或距离。

后来，在沃特森-瓦特申请专利的同时，在美国、德国、俄国、法国和日本，数以万计的科学家都在研究这一课题，一些人还取得了决定性的进展：1934年，美国和法国科学家成功试验了利用两个分站发射和接收电波的"双基地"探测系统。当然了，那时没有人大肆宣扬此事。与这类研究工作有关的一切在任何地方都是机密性的，有时甚至在档案里也不曾留下任何印记。这增加了历史学家们的工作难度，也让人更难以确定英国人沃特森-瓦特是否是雷达真正的发明者。说到底，有两件事是确凿无疑且毫无争议的：首先，雷达的原理确实是在1930年代中期提出的；此外，1940年代初，美国海军将"无线电探测和测距"（« RAdio Detecting And Ranging »）的全称进行了简化，"雷达"由此得名。

另见

无线电报机（1896年）
声呐（1915年）
微波（1947年）

（图6-7 一名雷达操作员正在工作）

1935年
尼龙

1935年，尼龙在美国被发现。这是自由开展科学研究的结果和最杰出的例证之一。

当钱多到不知该如何花的程度，该怎么办？ 1919年，杜邦德内穆尔（Du Pont de Nemours）公司就遭遇了这个不寻常的难题。这家公司成立于19世纪初，创始人是一位逃离大革命恐怖统治的法国贵族。南北战争和第一次世界大战期间是杜邦公司的鼎盛时期，因为那时这家公司还只生产火药……这在用武器说话的年代是一项利润极高的活动。为了让大家有一个概念，在这里明确一下：一战前，杜邦公司的年收入已达五百万美元；在1914至1918年间，每年的收入更是近六千万美元！

停战时，杜邦公司已积累了一大笔战争财富。但它同时面临着一个挑战：既然已经恢复和平，就应该进行多样化生产。公司董事长伊雷内・杜邦德内穆尔（Irénée Du Pont de Nemours）首先选择收购其他公司，以便独揽这些公司成功的方法。但是，在这些通常极具侵略性的收购之外，还需要有远见！ 1907年加盟杜邦公司的化学家查尔斯・斯泰恩（Charles Stine），在1924年提出了设立一个专门负责科学研究的新部门的建议。于是，一座高精尖实验研究所在特拉华州(Delaware)建成。1927年,哈佛大学教师、青年才俊华莱士·休姆·卡罗瑟斯(Wallace Hume Carothers)被任命为该研究所负责人。他的任务是用无限的预算做自己认为有用的研究——斯泰恩在卡罗瑟斯到任时便跟他交了底:"财务方面,上不封顶。"

卡罗瑟斯决定研究聚合物。这对他来说是一个全新的领域,且该领域在当时的美国并未得到大规模开发。他尤其致力于研究两端均带有反应性官能团的分子链。他还发现,某些产物在经过冷拉处理后,能够展现出惊人的性能。就这样,直至1930年代中期,卡罗瑟斯和自己的搭档在科学刊物上共发表了数篇论文,提出纤维制造的可行方法。1935年,"66"(这是其构成元素的碳原子数)号产物的发现满足了人们对该领域的所有期待。1938年,它以"尼龙"之名投入市场,并获得惊人成功。它首先用于制造女士丝袜——不同于羊毛,尼龙丝袜不会脱线。令人唏嘘的是,卡罗瑟斯再也无法见证这一成功:1937年4月29日,长期深受抑郁情绪困扰的他,在费城一间酒店的客房内结束了自己的生命。

另见

衣服(19万年前)
火药(1044年)
缝纫机(1829年)

（图6-8 卡罗瑟斯与尼龙）

1936年
计算机

追溯计算机的起源，绕不开1936年问世的“图灵机”（la « machine de Turing »）。这台机器的发明者值得被人铭记。

历史的书写常常关乎选择和阐释——尽管这么说会让历史最坚定的捍卫者们感到不快。计算机的历史就是明证：它的起点在哪儿呢？一些专家毫不犹豫地追溯至算板这一最古老的计算工具之一，即当人类不再只用脑子和手指处理数字之时。也有人提出应该从最早出现机器的时候算起：推崇帕斯卡加法器的人认为是17世纪，认可巴比奇及其杰出助手艾达·洛夫莱斯之研究成果的人则认为是19世纪。最没有创意的人则认为，应该从1946年第一台通用电子计算机在宾夕法尼亚州诞生之日算起。这台名为“埃尼阿克”（ENIAC）的机器全称“电子数字积分计算机”（Electronic Numerical Integrator and Computer），是个长27米、重量近30吨的大家伙。它用了18 000根真空管，并且因为自身的复杂性和脆弱性，平均每两天就会出一次故障！

还有另一个年份值得留意：1936年，就读于剑桥大学的24岁数学家艾伦·图灵（Alain Turing）发表了一篇出色的论文：《论可计算数及其在判定问题上的应用》(*On Computable Numbers, with an Application to the Entscheidungsproblem*)。这里所谓的“判定问题”,是德国数学家大卫·希尔伯特(David Hilbert)1928年提出的。简单来说,它探讨的是可计算和不可计算的边界问题。艾伦·图灵明确了这一界限,并进一步指出这些本质上可计算的问题能够被分解为某一台机器可以表示的有限个子问题。因此,图灵可被视为计算机之父。当然,他的这台通用机器纯粹是精神产物,只存在于纸上。但这并不会让图灵的功劳黯然失色。恰恰相反,十年后才投入使用的“埃尼阿克”通常被认为是图灵理论的首次应用。

令人扼腕的是,发明者图灵和他的发明终究有着不同的命运:计算机的成功一直延续至今,但图灵的结局则悲惨凄凉。他在普林斯顿大学的深造取得了优异成果,二战期间还帮助破译了纳粹的密码。1952年,英国法院判图灵有罪,要他在坐牢和化学阉割中选择一项接受处罚。什么罪名?同性恋。图灵为之鞠躬尽瘁的这个国家,却无法容忍这“严重的猥亵行为和性欲倒错”。看来人类智能和人工智能一样都有自己的局限!接受了化学阉割的艾伦·图灵再也没能走出阴霾。1954年6月7日,他吃下剧毒氰化物浸泡过的苹果,死于卧榻之上……

另见

算板（公元前1000年）

计算器（1642年）

艾达·洛夫莱斯（1815—1852年）

晶体管（1947年）

（图6-9 第一台通用电子计算机ENIAC）

1938年

圆珠笔

圆珠笔1938年由拉斯洛·约瑟夫·比罗(László József Bíró)发明,并在战后经马塞尔·比克(Marcel Bich)的努力得到普及。它是简单小巧而经久耐用商品的典范。

从古埃及的芦苇笔到鹅毛、天鹅毛、鸭毛、乌鸦毛等各类天然羽笔,再到19世纪作为芦苇笔遥远后代的钢笔,具有储墨结构的书写工具历史悠久,且几无变化——无论储墨结构是外置还是内置,操作原理都是一样的:斜切的笔尖能够在接触书写载体前抓牢墨水。对唯美主义者而言,这是最大的乐趣;对一代又一代被老师要求好好写出笔划顿挫的学子而言,这却是最深的梦魇!这部千年史就好似一出被割裂的双幕剧,故事分别发生在第二次世界大战之前和之后。

第一幕:1930年代末的匈牙利,拉斯洛·约瑟夫·比罗提出了把印刷墨水加进钢笔之中的想法。这位1899年出生于布达佩斯的犹太记者发现,印刷报纸和杂志时使用的墨水要比自己平常用的墨水干得更快,因而能够降低留下墨迹的风险。但是试验并不成功:印刷墨水太过粘稠,在笔中的流速不够快,跟不上书写的节奏。这个或许已有前人尝试过的试验本应止步于此,但这位靠笔杆子为生的人却依然不懈努力。在自己的兄弟、科学功底扎实的乔治（György）的帮助下，他想出了一个圆珠妙计：笔尖的圆珠在纸上滚动时，能够持续释放墨水……1938年，拉斯洛逃离了采取反犹主义政策、亲纳粹德国的匈牙利，在巴黎提交了自己的专利申请，随后移居阿根廷。

第二幕：刚刚获得解放的法国，青年企业家马塞尔·比克不久前刚购入位于克利希（Clichy）碎石胡同（l'impasse des Cailloux）的一座笔杆厂，并买断之前那项专利，准备改进这种笔。性格顽强的他锲而不舍，在自己小团队的帮助下，终于研制出了一种更合适的墨水。1950年，"比克水晶圆珠笔"（« Bic cristal »）投入市场，随之而来的成功一直持续至今。有了这样的基础，这个工商帝国后来又进军打火机和剃须刀市场，并且时至今日依旧在蓬勃发展。"无论哪里，每时每刻，人尽所需" 是比克的口号。对此，翁贝托·埃科曾在1986年以独有的幽默进行过回应，在他看来，比克圆珠笔是 "业已实现的社会主义的绝佳例证。它消除了一切所有权和一切社会区分" ……

另见

墨（公元前3200年）
纸（105年）

1942年
核

核能的传奇始于几间实验室中，最终逐渐传遍世界的各个角落。

人们对核能的历史起源并不陌生——虽然有些作者认为有必要对相关事实进行并不必要的美化处理。1896年3月，当德国（威廉·伦琴）刚刚发现X射线之时，物理学家亨利·贝克勒耳（Henri Becquerel）向巴黎的法兰西科学院提交了自己的研究成果：一种由铀元素发出的穿透力更强的射线。很快，玛丽·居里（Marie Curie）便将铀辐射作为自己博士论文的选题，并和皮埃尔·居里共同发现了钋和镭。居里夫妇和贝克勒尔因而一起获得了1903年的诺贝尔物理学奖。此外，居里夫人还因自己在镭元素方面的研究获得了1911年的诺贝尔化学奖。1910年至1920年间，众多科学家紧跟卓越先驱的步伐，继续这一事业。

1932年，詹姆斯·查德威克（James Chadwick）发现了中子；两年后，伊蕾娜·约里奥-居里（Irène Joliot-Curie）和弗雷德里克·约里奥-居里（Frédéric Joliot-Curie）宣布他们发现了一种“新型放射性”并将其命名为“人工放射性”。1935年，查德威克获诺贝尔物理学奖，约里奥–居里夫妇获诺贝尔化学奖……虽然有评论称这是因为“虎父无犬女”[①]，但更应强调的是约里奥–居里夫妇的刻苦工作以及过人天赋。事实证明确实如此：当无数科学家都在着力借助中子“轰击”铀时——比如恩里科·费米（Enrico Fermi）在罗马的实验以及核裂变发现者奥托·哈恩（Otto Hahn）和莉泽·迈特纳（Lise Meitner）在柏林的实验，弗雷德里克·约里奥–居里则在1939年有了一项决定性发现。他和同事汉斯·哈尔班（Hans Halban）以及卢·科瓦尔斯基（Lew Kowarski）一起证明了实现“链式反应”的可能性，并于同年五月提交了三项专利申请，其中第一项完美概括了实现方法：“我们知道，铀核吸收一个中子后会分裂，同时会释放能量并生成平均数量大于此前基数的新的中子。在新产生的中子中，又有一些会让铀核分裂。如此一来，铀核便会不断分裂……”

一年后，纳粹德国入侵法国。弗雷德里克·约里奥–居里（别忘了他那第三份专利申请讨论的正是“炸弹装药改进”问题）竭尽全力破坏占领军的研制工作：那可是原子弹！最终，在恩里科·费米建于美国芝加哥大学斯塔格足球场（le Stagg Field）的一座实验堆内部，实现了第一次链式裂变反应：1942年12月2日

---

① 伊蕾娜·约里奥–居里正是皮埃尔·居里和玛丽·居里之女。——译注

15时25分，芝加哥1号堆（CP-1）达到了自持链式裂变反应的所谓“临界”状态。对人类而言，一个新时代就此到来……

另见

X射线（1895年）

核聚变（未来）

1947年
微波

1947年微波炉的发明可追溯至一位雷达工程师口袋内融化的巧克力。这到底是传说还是事实?

如今,微波炉是极其常见的家用电器。在法国,超过80%的家庭拥有微波炉;而在美国和日本,这一比例超过90%。但了解微波炉工作原理的人却少之又少。微波炉内部装有“磁控管”,能够将电转变为电磁波。充满整个炉腔的电磁波会让食物中的水分子发生振荡,而这种振荡会触及糖分和油脂。这美妙的内在振动的能量所释放出的热量又会传导至食物的其他部位……

为什么在进入正题前要先进行家居常识速成补习?很简单,因为它们紧密相关。起初,传说中的磁控管并非用来让面条或一碗汤达到理想的温度,或快速解冻一只太迟从冷冻室取出的鸡。这种能够产生微波辐射的真空管实际上是用来制造雷达的。在第二次世界大战之前和整个战争期间,雷达制造可是世界瞩目的技术。二战结束后,传奇才开始:1947年,美国雷神公司(Raytheon Corp.)一位正在进行磁控管改良研究的工程师珀西·勒巴伦·斯潘塞(Percy LeBaron Spencer)发现,放在自己口袋里的一条巧克力棒受热融化了。好奇的他又做了一次实验：把玉米粒放在磁控管附近，结果玉米粒蹦蹦跳跳变成了爆米花；他再拿鸡蛋来实验，果不其然，这可比把鸡蛋放在一口旧锅中熟得快多了。尤里卡！

这有可能只是戏说罢了。人们似乎早就发现了磁控管的这些功能，一些工程师甚至从1940年代初就开始用这种方法加热食物，但他们却并未想到要将其进行商业化推广。此外，雷神公司并未停止生产军用磁控管，毕竟冷战开始后，雷达的作用与过去相比有过之而无不及。不过，在珀西·斯潘塞的建议下，雷神公司开始转战新领域：厨房。当然，一开始并不针对家庭厨房：第一台微波炉"雷达炉"（Radarange，多么妙的文字游戏！）高近2米，重量超过300千克！只有企业或医院的餐厅才会购买。从1960年代开始，体积缩小、成本减少后的微波炉才开始进军家用市场。它首先攻占了美国，随后很快征服了世界其他地方……但也有一些例外，比如法国。

另见

火的使用（40万年前）
雷达（1935年）

（图6-10 第一台微波炉“雷达炉”）

1947年
晶体管

1947年，"传输电阻"（transfer resistor）即晶体管的发明革新了电子技术，并为其三位发明者赢得了诺贝尔物理学奖。

与很多发明一样，诞生于二战之后的晶体管也是长期科学研究的成果。能够取得这一成果，首先得益于金属以及晶体管重要构成元件半导体的不同基本特性的发现。迈克尔·法拉第、安托万·贝克勒耳（Antoine Becquerel）等著名科学家在19世纪渐渐对这些特性有了认识。随后，它们在量子力学的框架内得到了明确：1931年，艾伦·威尔逊（Alan Wilson）的《电子半导体理论》（*La théorie des semi-conducteurs électroniques*）首次出色概括了这些特性。此外，詹姆斯·麦克斯韦和海因里希·赫兹关于电磁波特别是无线电波的研究，以及贾格迪什·钱德拉·博斯（Jagadish Chandra Bose）使用半导体整流器的想法也都极为关键……电子相关研究的重要性就更不必说了。这棵谱系树真可谓枝繁叶茂、硕果累累！

不过，公认的晶体管发明者有三位，均来自美国电话电报公司（AT&T）著名的贝尔实验室。他们是：约翰·巴丁（John Bardeen）、沃尔特·布喇顿（Walter Brattain）和威廉·肖克莱（William Shockley）。1945年，时任公司执行副总裁默文·凯利

（Mervin Kelly）组建了一支团队，这三人作为团队智囊，借鉴了两次世界大战之间的研究（其中亦有三人的重大贡献）以及二战期间取得的进展。得益于这些继雷达之后取得的成果，人们制造出了质量无与伦比的半导体：1940年，想要得到纯度在99%以上的硅还十分困难；到了1945年，杜邦公司已经能够提供纯度为99.999%的硅了。这样的发展态势让默文·凯利预感到，一场伟大的电子革命即将到来。届时，一直用以作为整流器——其主要作用是将交流电转换为直流电——或放大器的真空管，由于耗能、易碎且笨重，必将被取而代之。而事实果然不出凯利所料……

1947年12月16日，约翰·巴丁和沃尔特·布喇顿研制出首个点接触型晶体管。七天后，在贝尔实验室内部对这一晶体管进行了演示实验。这是送给研究人员和资助公司最好的圣诞礼物！几周后，威廉·肖克莱又带来了决定性的改进：他研制出的结型晶体管可靠性更高，也更易批量生产……这后一个特征非常重要，因为晶体管很快会成为市场上所有电子设备的标配。

另见

无线电报机（1896年）
雷达（1935年）
计算机（1936年）
微处理器（1971年）

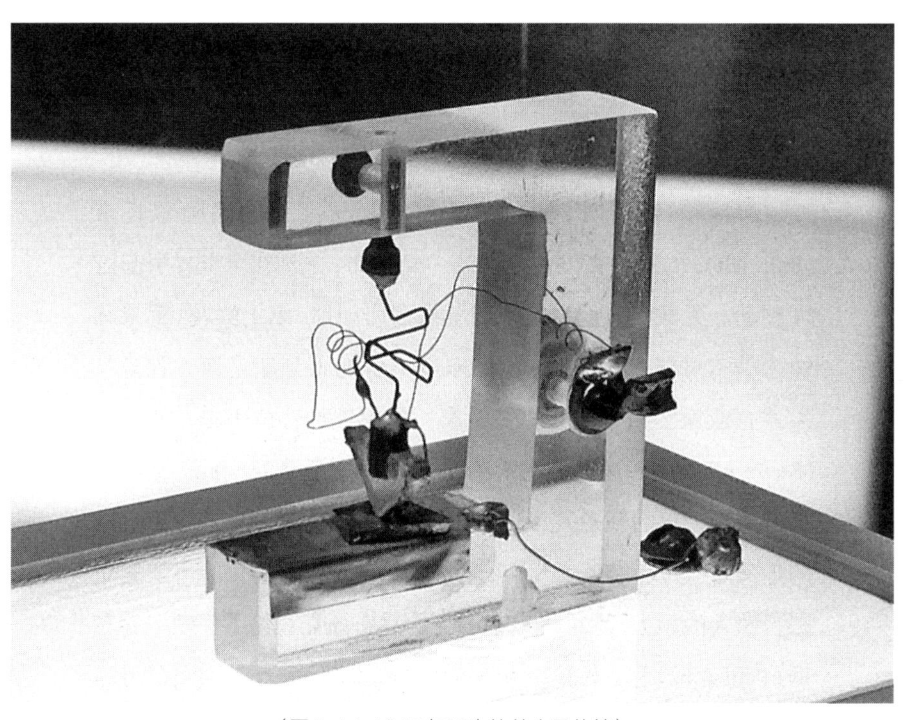

（图6-11 1947年诞生的首个晶体管）

1955—2011年
史蒂夫·乔布斯

无论从任何角度看，苹果公司创始人乔布斯都是一个不寻常之人。2011年因癌症离世的他，变革了电子学和信息技术。

2011年10月5日，他在位于加利福尼亚州帕洛阿尔托市(Palo Alto)的家中去世。此消息一经公布，立刻在全世界引起巨大波动。无数的人们自发来到苹果商店门前，献上鲜花、苹果和悼念信。可能有人会问：这位刚刚离世的人到底是何方神圣？天才企业家？高瞻远瞩的发明家？思想领袖？史蒂夫·乔布斯(Steve Jobs)同时拥有以上所有身份，而且远远不止于此。他的人生有着小说般的开始。1955年2月24日，乔布斯生于旧金山。他的生父是一位叙利亚大学生，生母是一位美国人。由于不堪忍受来自家人的压力，生母将出生不久的乔布斯托付给了保罗·乔布斯(Paul Jobs)和克拉拉·乔布斯(Clara Jobs)——这对养父母一直被乔布斯视如亲生父母。身处硅谷的库比蒂诺市(Cupertino)，乔布斯自学生时代起便迷恋电子学。13岁时，他通过自己拨给威廉·休利特(William Hewlett)的一通电话获得了惠普(Hewlett-Packard)公司的一份暑期工作，并由此结识了另一位电子发烧友、比自己大五岁的史蒂夫·沃兹尼亚克(Steve Wozniak)。1973年，沃兹尼亚克真的进入了惠普公司，而乔布斯却走上了不同的道路：他开始迷恋东方精神和素食主义，经常出入反文化的圈子，甚至吸食迷幻药……这是在荒废学业吗？后来，乔布斯常说，正是这些经历激发了他的想象力，帮助自己在日后取得了成功。1974年，年轻的他从雅达利（Atari）公司离职。他曾在这家公司担任电子游戏工程师，但却在入职不久后就被迫上晚班：乔布斯认为自己的饮食习惯已足以保障自己的健康和卫生，因此自己无需洗澡……但他的同事们可不这么认为。1975年，当得知乔布斯要前往印度进行为期数月的朝圣之旅时，这些同事们也并不感到惋惜。

次年，传奇故事便开始了：史蒂夫·沃兹尼亚克制造了一台拥有基础配置但价格低廉的微型计算机。他原本打算免费公布自己的设计方案，但被乔布斯说服的他最终同意创建一家公司，并以别人无法与之竞争的价格售卖这款电脑。共有大约二百人购买了苹果公司这款售价为666.66美元的第一代电脑Apple I。1980年代，苹果公司先是推出了首款配有鼠标的个人电脑Lisa，又在1984年推出了Macintosh电脑，乔布斯还主动提出退出公司管理层。在动画公司皮克斯（Pixar）的最高位上度过了漫长而艰辛的岁月后，乔布斯在1997年荣耀凯旋，重新回到苹果公司，并开启了一系列的创新：1998年推出iMac，2001年iPod诞生，2007年和2010年分别推出了最最著名的iPhone和iPad……2011年乔布斯去世时，苹果公司已超过埃克森美孚（ExxonMobil），成为全球市值最高的公司。

另见

计算机（1936年）
电子游戏（1958年）
移动电话（1973年）
Windows 1.01操作系统（1985年）

1956—
韩力

生于1956年的中国东北人韩力成功发明了电子烟，而这项发明的唯一目的竟是取代另一项发明……

烟草的历史始于3 000年前美洲开始种植这种作物之时。此后，欧洲人通过哥伦布认识了烟草：1492年10月28日，航行至古巴的哥伦布在日志上写到自己遇到了一些拿着“燃烧的烟草吸食其烟雾”的“印第安人”。不过，这种来自新大陆的风尚差点儿没能登陆欧洲：教会并不赞成仿效这一野蛮的习俗。教皇乌尔班八世（Urbain VIII）在1642年的一份谕旨中，还在以“彻底驱逐出教会”来震慑那些“随处抽烟尤其是在教堂抽烟的”神父等沾染上“这一可耻陋习”的人。但烟瘾却自有其不可言之力。几个世纪以来，尤其是借着1830年代香烟开始工业化生产的东风，越来越多的人开始抽烟。

韩力会从教皇跌倒的地方爬起来吗？ 1956年，“大跃进”运动前夕，韩力在沈阳出生。“十年动乱”时期，年仅十岁的他就开始在烟田中劳作了。在那里，年纪轻轻的他不仅掌握了烟草种植知识，还一发不可收拾地染上了烟瘾。1978年，韩力进入家乡辽宁的辽宁大学学习中医。他依旧整包整包地抽烟，一天要抽两到三包。毕业后的他继续在自己开的小药房里吞云吐雾……

转机出现在2002年。韩力曾多次向包括法国媒体在内的媒体透露:“尼古丁贴片在中国流行的时候,我也曾试着用。有一天晚上,我忘了把贴片撕下来,于是做了可怕的噩梦。”这位药剂师从这件事当中得出了很多结论,尤其是,这种贴片无法为烟民带来和尼古丁一样的刺激,因而也无法给予他们同样的满足感。他发明了一种能将尼古丁油雾化的管型装置,于2003年申请了专利,并创建了自己的公司。由于产品被非法复制,他的公司曾几经起落。2013年,实力雄厚的英国帝国烟草(Imperial Tobacco)集团旗下子公司Fontem Ventures购买了韩力的专利,并随即对生产假冒伪劣产品的公司提起诉讼,最终让电子烟行销全球。通过危害世界积累财富的烟草行业,在这一替代性产品的帮助下重获新生。据估计,如今电子烟的市场规模已超过八十亿美元!

另见

长生不死(未来)

1957年
卫星

1957年10月4日，“斯普特尼克1号”（Spoutnik−1）的成功发射是苏联征服太空的一场大胜仗。苏联1:0领先美国！

卫星这项辉煌的技术创举，曾经可是大国之间的一场较量……1955年7月30日，艾森豪威尔（Eisenhower）总统的新闻发言人在白宫宣布，美国将在所有大国都会参与的国际地球物理年（1957—1958年）期间，把一颗卫星送入轨道。“铁幕”另一侧的莫斯科很快应战：1955年8月3日，尼基塔·赫鲁晓夫（Nikita Khrouchtchev）要求在哥本哈根参加国际宇航大会的苏联代表列昂尼德·谢多夫（Leonid Sedov）也宣布苏联的卫星发射计划，并明确指出苏方的卫星将比美方的卫星更强大、更精密。这场时常作为吹牛竞赛的冷战，已经飞离大气层，打到了太空。

克里姆林宫这牛吹得不假：1957年10月4日，苏联将“斯普特尼克1号”送入轨道，在这场竞赛中拔得头筹，并在一个月后用“斯普特尼克2号”（Spoutnik−2）卫星将小狗莱卡（Laïka）送上太空。这在大洋彼岸的美国引发了强烈震荡。一些媒体评论员甚至称这是太空珍珠港事件！几个月后的1958年2月1日，落后苏联的美国才发射了“探索者1号”（Explorer 1）卫星。在重量方面，超过83千克的苏联卫星比不到14千克的美国卫星要重。但这还不是最严重的：美国惊讶地发现，苏联已完全掌握了卫星运载火箭的发射技术。与卫星本身的制造相比，这才是真正实力的体现，也是美国最担心的一点。能够将一个发出“滴滴”声的东西送入太空，就意味着能够在地球投放某种会“嘣”地发出巨响的东西——不用说就知道这是什么。

“斯普特尼克号”在美苏之间掀起了一场残酷的竞赛，两个超级大国用尽各种办法，只为在这场竞赛中获胜。列昂尼德·谢多夫因而一直以“斯普特尼克计划之父”的形象出现。但实际上，这只是为了保护卫星真正设计者的身份而采用的障眼法：“斯普特尼克号”真正的设计者是工程师谢尔盖·科罗廖夫（Sergueï Korolev）。在这样的局势下，人们可能会忘记第三大太空强国其实是法国。1965年，法国将“阿斯泰利克斯号”（Astérix）卫星送入轨道——卫星的名字来源于一个矮小好斗的漫画人物：高卢人阿斯泰利克斯。这又是一场交锋……

另见

火箭（1926年）

（图6-12 小狗莱卡与“斯普特尼克2号”卫星）

（图6-13 法国的“阿斯泰利克斯号”卫星）

1958年
电子游戏

1958年，一位美国物理学家在布鲁克海文（Brookhaven）核实验室一台示波器上开发出了第一款电子游戏“双人网球”（Tennis for Two）。

电子游戏在当今世界掀起的狂潮可能会让我们认为它的历史早已为人熟知。但实际上，它的历史扑朔迷离，想要追根溯源更是难上加难。信息技术的第一波发展虽然对电子游戏的诞生起到了决定性作用，但也并未开辟出康庄大道，因为彼时尚缺乏作为电子游戏精髓的娱乐性。考察一下电子游戏行业的象征和元老任天堂（Nintendo）公司的历史沿革会不会有收获呢？结果同样令人失望：1889年成立于日本的任天堂，在很长一段时间内业务仅局限于牌类制造，一直到1960年代末才开始显露出对电子游戏的兴趣……

彼时，电子游戏的伟大历险业已开启。最早的火花可归功于劳拉电子公司（Loral Electronics）负责制造革命性电视机的美国青年工程师拉尔夫·贝尔（Ralph Baer）。1951年，为了使自己的公司在市场竞争中脱颖而出，贝尔向高层提出了在产品中融入娱乐功能的建议。但高层认为他的这一想法离奇荒唐，直接拒绝采纳。这是电子游戏前传，真正的故事还要等到1958年。这一年，来自专事核研究工作的布鲁克海文国家实验室的研究员威廉·希金博特姆（William Higinbotham），为一台连有示波器的计算机重新编写了程序。就这样，他开发出历史上第一款电子游戏“双人网球”：两位用户可以在网球场（用一条单线表示）互相发球（其实是一个点）。这个小游戏原本是为了惊艳在开放日到实验室参观的游客，但却尤其受到威廉·希金博特姆同事们的好评，被他们视为繁重科学工作之余的绝佳消遣。

不过，这一发明在当时的成功仅仅停留在激发了人们的好奇心这一层面。证据就是，历史上第二款电子游戏在四年后才问世，设计者是来自美国剑桥市麻省理工学院的几位学生。在25岁的程序员史蒂夫·拉塞尔（Steve Russel）的带领下，他们在美国数字设备公司（Digital Equipment Corporation）制造的一台程序数据处理机1号（PDP-1）电脑上，设计出了名为“太空大战！”（Spacewar！）的游戏。1962年后，这款游戏虽然在技术上取得了非凡进展，但剧情设定依然没有变化：太空大战中的两艘飞船针锋相对，唯一目的就是消灭对手……万幸的是，被搬上屏幕的只是我们的杀戮冲动，而电子游戏的世界远比这要丰富得多。

另见

电视机（1926年）

计算机（1936年）

晶体管（1947年）

Windows 1.01操作系统（1985年）

1960年

激光

1960年，西奥多·梅曼(Theodore Maiman)的第一台激光器标志着几十年研究工作的结束，也预示着一场伟大经济历险的开始。

虽然激光的发明已归功于加利福尼亚州马里布(Malibu)的青年物理学家西奥多·梅曼，但要想厘清这一发明的来龙去脉还真是一大挑战。需要提到的有：詹姆斯·麦克斯韦以及光作为一种电磁现象的本质；约瑟夫·汤姆孙以及电子的发现；亨德里克·洛伦兹(Hendrik Lorentz)和“弹性束缚”电子模型；马克斯·普朗克(Max Planck)及其对物质与光之间能量交换的研究；尼尔斯·玻尔(Niels Bohr)及其提出的原子的量子化能级假说；阿尔伯特·爱因斯坦及其提出的自发发射过程；约翰·范扶累克(John Van Vleck)以及“受激发射”；当然还有保罗·狄拉克(Paul Dirac)、帕斯库尔·约尔当(Pascual Jordan)和沃尔夫冈·泡利(Wolfgang Pauli)在量子力学方面的贡献，以及二战之后量子电子学的发展……这还只是个不完全名单！

因为激光这一发明是基础研究的产物，需要花费大量时间提出、讨论并且验证概念和理论。1950年代，查尔斯·汤斯(Charles Townes)和亚瑟·肖洛(Arthur Schawlow)在哥伦比亚大学制成了第一台微波激射器（le « maser »）。1958年，这两位研究者发表了一篇论文，提出光也可以通过一台激光器（le « laser »）进行放大。很快，美国、苏联及世界上其他国家的许多实验室纷纷加入这场激烈竞赛。最终赢得比赛的是32岁的"外行"西奥多·梅曼：1960年5月，他成了通过红宝石获得相干光的第一人。

激光首先存在于实验室中。它的发明激发了物理学家们的热情，帮助他们更好地理解了光的特性及光与物质的相互作用，同时为他们开辟了新的研究领域：诺贝尔物理学奖中的十七项均与激光本身或由激光所引发的研究工作相关。没过多久，在经济领域也出现了类似的繁荣景象：激光在电子、电信、贸易、工业和医学等领域的多样化应用，目前已带来超过六十亿美元的收入，并且仍在不断增长。谁还敢质疑基础研究的重大影响呢？

另见

电磁铁（1820年）

无线电报机（1896年）

微波（1947年）

1969年
因特网

这一世界上最著名的网络诞生于五角大楼，最初是为了确保战略信息在任何情况下都能得到传播……

夸张点说，因特网的诞生甚至可以部分归因于苏联。1957年10月，苏联将“斯普特尼克1号”人造卫星送入轨道。东方世界一派胜利景象，西方却错愕沮丧。后面的事情大家都很熟悉了：为了与在这方面占统治地位的苏联抗衡，时任美国总统艾森豪威尔1958年7月在华盛顿成立了国家航空航天局(NASA)。但这还不是那一年作出的唯一决定。就在几个月前的2月，这位总统还曾作出一个不太为人所知的决定：成立高级研究计划署(ARPA)——这是美国国防部的下属机构。看名字就知道，它负责一切新技术的开发工作。1972年，高级研究计划署更名为国防高级研究计划署(DARPA)，其军事定位也大白于天下。不过，这段历史还得慢慢捋……

1962年10月，约瑟夫·卡尔·罗布内特·利克莱德(Joseph Carl Robnett Licklider)被任命为高级研究计划署信息技术研究计划的负责人。这位著名研究员此前曾发表不少文章提出“银河网”的概念：每台电脑相互连通，彼此分享世界各地的信息。

同时,麻省理工学院的信息工程师伦纳德·克兰罗克(Leonard Kleinrock)发表的一篇文章建议使用“分组交换”的方式将数据传输到一个网络。与电话通话采用的电路交换技术不同,分组交换技术是将分组后的数据通过网络上的节点分别进行传播,到达目的地后再进行组合……这样一来,就算切断线路,信息传播也不会中断!

1965年,使用电话线在马萨诸塞州和加利福尼亚州之间首次建立了网络连接。此后,麻省理工学院的另一位研究员劳伦斯·吉·罗伯茨(Lawrence G. Roberts)认识到同事克兰罗克这一模型的优越性,并建议高级研究计划署予以采用。此后,1966年加入高级研究计划署的罗伯茨于1967年拟定了“阿帕网”(ARPANET)计划;1968年8月,委任BBN(Bolt, Beranek and Newman)公司制造接口信息处理机(Interface Message Processors)。1969年最后几个月,伦纳德·克兰罗克加入了加利福尼亚大学研究实验室。在此期间,在加利福尼亚大学研究实验室(节点1)、斯坦福研究所(Stanford Research Institute)道格拉斯·恩格尔巴特(Douglas Engelbart,信息技术先驱)研究中心(节点2)、圣巴巴拉大学(节点3)和犹他大学(节点4)安装了网络装备。因特网横空出世,而就在几个月之前,人类刚刚登上了月球……

另见

计算机(1936年)

卫星(1957年)

万维网(1989年)

1971年
微处理器

1971年发明的微处理器是计算机产业的一大飞跃，为设计制造第一款微型计算机开辟了道路。

今天，它已无孔不入：在移动电话、触屏平板电脑以及计算机内部，微处理器随处可见，并且愈发强大。不过不用害怕：微处理器是为人服务的，它用来执行操作系统发出的指令。在1971年微处理器发明以前，是处理器集合了需要相互连通的电子元器件。但这样做的结果却是成本过高且体积过大——虽然1947年发明的晶体管已在缩小机器体积方面成功迈出了第一步。微处理器的强大之处在于，它在唯一且同一个装置内集合了所有这些元件。那么，人们是如何设计并实现微处理器的呢？

实现这一创举的人名叫马山·霍夫（Marcian Hoff），人称"特德"（Ted）。他1937年生于纽约州的罗切斯特（Rochester），在伦斯勒理工学院（Rensselaer Polytechnic Institute）接受过扎实的电子学教育，后于1962年在斯坦福大学获得博士学位。1968年，他被安德鲁·格罗夫（Andrew Grove）、戈登·摩尔（Gordon Moore）和罗伯特·诺伊斯（Robert Noyce）刚刚在圣巴巴拉成立的一家公司——英特尔（Intel）录用。次年，这家专门从事半导体制造的企业从日本Busicom公司手中接到一份大单，对方希望生产一款小型可编程计算器。这一挑战对英特尔公司的未来至关重要，因此特德建议将所需的十二个电路集中在一个芯片上。他和同事斯坦利·马佐尔（Stanley Mazor）仅用了不到两年的时间，便制造出了第一款4比特微处理器“英特尔4004”（Intel 4004）。

这一发明堪称天才之作：“英特尔4004”包含2 300个晶体管，最高主频为740千赫，每秒可运算近9万次，与二十五年前诞生于宾夕法尼亚、重达30吨的“埃尼阿克”通用计算机的性能无异。不过，英特尔差点与好运失之交臂：合同原本规定Busicom公司以60 000美元的价格买断微处理器的设计，但日本公司遭遇了严重的财务困难，被迫将这一发明卖回给英特尔……这才有了英特尔公司今日的成功。至于特德·霍夫，他平步青云，最终官至技术部门的总负责人，并于1984年自立门户，开始担任顾问。同时，英特尔公司的另一位老板戈登·摩尔，提出了著名的“摩尔定律”：微处理器中晶体管的数量每两年便会增加一倍。这一预言一直与现实情况惊人吻合。

另见

计算机（1936年）
晶体管（1947年）
Windows 1.01操作系统（1985年）

（图6-14 特德·霍夫和微处理器“英特尔 4004”）

1971年
电子书

1971年7月4日，伊利诺伊大学的一位学生将美国《独立宣言》录入电脑，第一部电子书由此诞生。

电子书于1971年发明。那是五十年前，年轻一代可能不了解，一些更年长的人或许还有一些记忆。如今再回望那个时代，我们却会感觉它距离现在非常遥远。来自伊利诺伊大学的一名学生迈克尔·哈特（Michael Hart），某一天获得了学校计算机实验室电脑的使用权限。这在计算手段有限且昂贵的当时，可以说是无比珍贵的礼物。为表达自己的感激之情，他于1971年7月4日美国国庆日当天，用美国信息交换标准代码（ASCII）的形式将《独立宣言》的内容录入了电脑。美国开国元勋们195年前签署的这部文书在电脑中占5 KB内存，无法就此将其发送给网络内的几百名用户，因为这可能会让整个系统陷入瘫痪！于是，迈克尔·哈特发送了一条信息，指明了文件存储的位置。很快，就有六个人前去下载了这一文件。这小小的成功让年轻的哈特备受鼓舞。第二年，他决定录入美国《宪法》前十条修正案组成的《权利法案》，他的一个朋友则同意负责录入《宪法》。这一工作在1973年完成。

三年三部文本并不多，但“谷登堡计划”却步入了正轨。一直到1980年代末，参与这一计划的志愿者都还很少。他们坚持不懈地工作，终于在1989年10月迎来了“谷登堡计划”的第十部文本：17世纪初由英王詹姆斯一世下令翻译的英文版《圣经》。后来，万维网的诞生为这项计划注入了新的动力，电子书的获取也更加便捷。最重要的是，终于可以从世界各地招募新的志愿者。1991年，平均每个月可以对一部文本进行数字化处理、校读和修改；1992年，每月可处理两部；1993年，每月四部……就这样，1994年1月，“谷登堡计划”为第一百部电子书《莎士比亚全集》的诞生举行了纪念活动。纪念活动不断举行，语种也在不断丰富：但丁《神曲》的电子书1997年8月问世，是第1 000部书；塞万提斯的《堂吉诃德》1999年5月问世，是第2 000部书；普鲁斯特的《在少女花影下》2000年12月问世，是第3 000部书……与此同时，一些财力雄厚的大型机构也从这项计划中受到启发：1998年，馆藏丰富的华盛顿国会图书馆（Library of Congress）能够提供50 000部电子书，同年，法国国家图书馆的数字图书馆项目Gallica也能提供20 000部电子书……这股源于伊利诺伊的涓涓细流，最终成为了一条跨越国界的江河，越流越宽。

另见

计算机（1936年）
因特网（1969年）
万维网（1989年）

1971—
埃隆·马斯克

信息技术、银行、电动汽车和太空旅行之间存在什么共同点吗？存在，那就是埃隆·马斯克（Elon Musk）。

批评也好、恭维也罢，传记作者们总喜欢在一个人的青年时代上大做文章，以便从中找出此人日后成功的原因。各大媒体和网络上今日流传的关于埃隆·马斯克的文章便属于这种情况。关于这位1971年6月28日出生于南非比勒陀利亚的小男孩，人们不断强调他旺盛的求知欲（比他小一岁的弟弟金博尔［Kimbal］见证过他小时候一天啃两本书）和他悲剧的童年（他被学校的坏孩子欺负，无法承受父母1979年的离异）。说到底，这也没什么特别。埃隆的父亲是电子技术工程师，母亲是模特兼营养师，他的童年可以说非常美好。后来的事情也都按部就班：他1988年前往加拿大求学，随后在美国宾夕法尼亚大学获得了学位，尔后开始撰写一篇物理学方面的博士论文，但最终并未完成。

就是从那时起，埃隆的人生进入了加速模式。1995年，他和弟弟用父亲投资的28 000美元一起创业，成立了Zip2公司，主要业务是在线内容出版，生意做得风生水起。四年后，康柏（Compaq）公司以3.41亿美元的价格收购了Zip2，埃隆从中赚了2 200万美元……初尝成功滋味的他又打造了一家名为X.com的网上银行，后于2001年2月将其更名为Paypal，再一次转手卖出：2002年10月，eBay公司以15亿美元的价格收购了Paypal，埃隆因此获利1.75亿美元！此后，他开始进行一些不同寻常的尝试：他成立了太空探索技术公司（SpaceX），目的是制造出价格更低的航空器，并实现火星移民的长远目标。可以说这一计划招来了不少冷嘲热讽，特别是当埃隆宣布他制造的火箭将参照《星球大战》中汉·索罗（Han Solo）驾驶的宇宙飞船的名字而被命名为"猎鹰"（Falcon）时……2008年，太空探索技术公司与美国国家航空航天局签订了一份为国际空间站提供补给的合同，那些嘲笑声也因此戛然而止。

就在同一年，埃隆·马斯克又拓宽了自己的活动领域，出任电动汽车制造商特斯拉（Tesla）首席执行官。当时正处于严重困难时期的特斯拉，在经历了休养生息后，于2016年以26亿美元的价格收购了光伏板制造公司太阳城（SolarCity）。今天，埃隆·马斯克打算利用自己管理的200亿美元资产，让地球变成更加美好、更加负责任的星球……或许火星移民也会成为现实？

另见

汽车（1769年）

火箭（1926年）

YouTube（2005年）

1973年
移动电话

一些车辆在1950年代便安装了最早的移动电话，但我们手机的祖先到1973年才问世。

这是一个巨大的全球市场。从近期的统计数据来看，可以说它已实现了完全普及：2016年底，世界上估计有75亿人口，而移动电话用户数量则超过74亿，这意味着近乎100%的渗透率！甚至发达国家和发展中国家之间历来有之的差异都已不复存在。虽然北美、欧洲以及亚洲一些国家的移动电话用户数量大于居民数量，但其他地区的这一比例也都超过95%。只有个别国家落到了后面，但这更多是出于非经济因素。例如，在人口2 500万的朝鲜，移动电话用户数量为200万——不过仍需谨慎对待这一数字。对于一些国家而言，简单方便、随接随入的因特网除了能够满足日常交流的需要之外，还可能会带来一些隐忧。

虽然移动电话开辟市场的过程势如破竹，但其实在一开始，它曾被视为某种炫耀性的附属之物。1950年代起，开始出现一些车载电话，这主要有两个原因：汽车能够为移动电话提供联通网络所需的天线，并方便它充电——在那个年代，还没有出现能够保证移动电话续航能力的小型电池。在法国，这一装置出现在

1956年，但使用者却没那么多。由于这种移动电话通话时只使用唯一一个频率，所以它严重缺乏灵活性：当用户拨打电话时，自己以及被叫机器的指示灯变为绿色，而其他用户机器上的指示灯则变为红色——他们必须等到线路畅通时才能拨打电话。可以说是方便了一些人，但却急坏了一群人！

实际上，在1973年4月3日手持式移动电话发明之时，情况也并未好到哪里去：能够在纽约街头使用这种电话的也只有发明它的两位工程师，马丁·库珀（Martin Cooper）和乔尔·恩格尔（Joel Engel）。不过，那还只是两台重量近800克的样机，需要充电十小时才能发挥最佳性能。研发出这一机器的摩托罗拉（Motorola）公司此后用了十多年时间对其进行了改良，并最终在1984年开始销售这种移动电话，单部售价高达3 995美元。是后来无数的进步才让这个奢侈品最终走入了寻常百姓家，成为世界上每个人都不可或缺的物品……

另见

电话（1876年）

无线电报机（1896年）

史蒂夫·乔布斯（1955—2011年）

因特网（1969年）

（图6-15 摩托罗拉第一部商用移动电话）

1974年
便利贴

一种不粘的粘胶，一位寻找可移动书签的唱诗班指挥，滞销后的爆红……这就是便利贴的故事！

一些专家（而专家那里最不缺的就是概念）将之称为“sérendipité”（机缘巧合下的偶得）。这个极难定义的词来源于英文中的“serendipity”，是霍勒斯·沃波尔（Horace Walpole）在18世纪自造的词。不妨这么说，它指的是一种从意外发现中吸取经验教训并使其为己所用的能力。为了更尊重伏尔泰的语言，法兰西学术院更建议使用“fortuité”（意外发现）一词。但无论以上哪个词，都经常被用来描述便利贴的发明。只是，从最初想法的诞生到商业上的成功，中间的过程并不如这些词所描述的那样轻松。

一切都始于1964年美国的“3M”公司。这家尤以Scotch胶带等产品为大众所熟知的“明尼苏达矿务及制造业公司”（Minnesota Mining and Manufacturing），其实业务范围十分广泛。毕业于亚利桑那大学的23岁的斯潘塞·西尔弗（Spencer Silver）在该公司负责化学研究工作。一天，他随意摆弄手边有的试剂，得到了一种丙烯酸胶粘剂。这种胶粘剂性能惊人却毫无用处：除了有点黏糊糊之外，它几乎没有粘性。在这种情况下，任何一位科学工作者都可能会对它弃之不理，但西尔弗却坚持要让它物尽其用——比如一些公司或行政单位可能需要的、能够随贴随取工作通知的粘贴板。遗憾的是，这位青年科学家的同事们却对他的建议不以为意。

1974年，在3M公司组织的一次研讨会上，斯潘塞·西尔弗结识了同一公司负责滑雪板用胶带销售业务的阿瑟·弗里（Arthur Fry）。乍看之下，弗里应该对那款不粘的粘胶没有任何兴趣。不过，他每周日都在明尼苏达州北圣保罗（North Saint Paul）小镇的一间长老会教堂服侍，在那里担任唱诗班的指挥。他想到可以用西尔弗发明的粘胶来固定诗歌谱中移动的书签。但这显然是比较小众的用途，即便在美国这样一个虔诚的国家也是如此。后来，它的使用范围扩展至各类印刷物甚至各种物体的表面。1978年进行了首次商业化推广，但却以失败告终：并未经历过业务培训的销售员们甚至无法向消费者解释这些名为“Press'n peel”的小黄纸的作用。次年，又进行了新一轮尝试，并免费派发产品。这一次，成功终于如期而至，人们不断回购这一商品。便利贴就这样征服了美国，并踏上了征服世界其他地方的旅程。

另见

墨（公元前3200年）
圆珠笔（1938年）

1978年

全球定位系统（GPS）

作为日常生活中的实用工具，全球定位系统是美国进行的军事研究的成果，是五角大楼的机密……

准确获知自己的实时位置，这并不是我们这个时代的人才有的想法。历史上，人类为绘制更加精细的陆地及海洋地图付出过巨大努力，就是为了实现两个主要宏愿：出行和征战。为取得领先的战术优势，美国国防部在1960年代末研制出了一个运用最新卫星技术进行定位的系统。

从那时起，美国军方便开始开发“导航卫星定时和测距全球定位系统”（NavSTAR-GPS，即Navigation Satellite Timing and Ranging-Global Positioning System），并于1978年发射了第一颗卫星。但如果想让全球定位系统全面运行，还需要很多其他卫星：一共二十八颗，还有四颗用来替补故障卫星的“备份”卫星，以及分别位于科罗拉多斯普林斯（Colorado Springs）、太平洋的夏威夷和夸贾林（Kwajalein）、大西洋的阿松森（Ascension）以及印度洋的迪戈加西亚（Diego Garcia）的五个监测站。虽然此前曾进行过一些试验，但一直到1995年才终于实现了精确投弹和制导的目标。全球定位系统的成功，也使得军方允许将其扩展至民用——当然，最精确的装置还是掌握在军方手中。

高效的定位至少需要用到四颗均匀分布在宇宙空间的卫星：每颗卫星在发射信号时，我们就能知道它的位置，而信号传播的速度就是光速，所以只需要掌握信号从卫星到达地球的时间即可。原理虽然简单，但也需要校正误差：对于身处超过20 000千米高空的卫星而言，时间的流逝方式和在地球上的时候完全不同，因为它和地球所受重力不同，且高速运行的卫星和地球的相对速度也不同。当然，地球时间和太空时间的时间差极小，每天只有几微秒的差距。但是，卫星和发明卫星的工程师所经历时间的毫秒之差，就足以造成距离测定上的千里之谬，这会让全球定位系统毫无用处。

今天，每当使用车载全球定位系统或在街头打开手机定位功能时，我们都应感念阿尔伯特·爱因斯坦（这应该是件高兴事儿）和五角大楼（这可就未必是件高兴事儿了）！

另见

卫星（1957年）

1980年

Minitel终端

毫无疑问，1980年问世的Minitel终端是100%法国制造。证据：这一在法国大获成功的著名迷你终端从未走出国门……

1977年12月，西蒙·诺拉（Simon Nora）和阿兰·曼克（Alain Minc）发表了一份关于"社会信息化"的报告。为应对微机领域面临的各种挑战，他们提出了将电话和计算机连接起来的大胆想法，并为此自创了"计算机通信"（la « télématique »）一词。针对这一问题，国家电信研究中心进行了数年研究。1974年，一台名为"TIC-TAC"（Terminal Intégré Comportant Téléviseur et Appel au Clavier，融合电视和键盘呼叫功能的集成终端）的终端在工业及办公用品博览会上展出。不过，由于缺乏电信行业的实质性支持，与这一研究有关的各项工作在当时仍非常分散……

报告发布后，电信行业的利益攸关方在国家的鼓励下纷纷采取了行动。位于雷恩（Rennes）的电视和电信联合研究中心开发出了第一台终端机。1980年，圣马洛（Saint-Malo）的五十多位用户对这台机器进行了测试：这标志着Minitel终端的正式诞生。不过，这一计划遭遇了不少阻力，尤以新闻行业为甚：以《法兰西西部报》（*Ouest-France*）为首的媒体担心出现新的竞争对手。进行的其他尝试有：在凡尔赛和韦利兹-维拉库布雷（Vélizy-Villacoublay）地区推出了能够通过电视机屏幕接入的“远程电信系统”（le « Télétel »），后来又推广至伊勒和维莱讷（Ille-et-Vilaine）地区，该地区自愿参与测试的4 000名群众每人都收到了一台能够提供一体化服务的Minitel终端。

1982年开始，更大规模的扩张取代了这些定向试验。那一年，全国范围内共安装了12万台终端……1984年超过50万台，1985年超过100万台，1986年200万台，1987年300万台。终端提供的服务也愈发多样：1990年代初共有20 000多项服务！那时，使用率最高的服务是电子电话号码簿（3611）、一系列交友网站及粉色信箱（3615）。Minitel终端一路高歌猛进：1993年，法国家庭中所配备的终端数量已达650万台。然而就在这时，它遇到了新的劲敌：万维网。

虽然法国人民对自己国家创造的这一终端充满了感情，但Minitel终究敌不过万维网。政客们也害怕错失这一重大拐点。1997年，时任法国总理利昂内尔·若斯潘（Lionel Jospin）表示：“仅仅作为国内网络的Minitel具有技术上的局限性，或将阻碍对信息技术进行创新且富于前景的开发应用。”另外还要说明的一点是，虽然全世界都很羡慕法国Minitel的成功，但这台终端除法国人之外再无人问津！

另见

因特网（1969年）

万维网（1989年）

（图6-16 Minitel终端）

1984年
3D打印

人们通常认为,3D打印技术由美国3D Systems公司创始人查尔斯·W. 赫尔(Charles W. Hull)在1986年发明。但实际上,这项技术是在法国诞生的!

目前,三维打印市场规模已达数十亿美元。细想之下,这倒也不足为奇:3D打印机本就用于重新构造所有一切物体。在这一领域,有一家公司尤其享有盛誉,那就是查尔斯·赫尔1986年在加利福尼亚创建的3D Systems公司。它的名声如此之大,以至于时任法国经济部长马克龙在2015年1月拉斯维加斯消费电子展(Consumer Electronic Show)期间,还专门参观了这家公司的展台。不过,这位后来身居高位、成为爱丽舍宫主人的部长可曾知道,3D打印技术其实在他还不满六岁时就已诞生在自己的祖国?

故事始于1983年。在马尔库西斯(Marcoussis)的电力总公司(Compagnie générale d'électricité)研究中心,一位化学工程师阿兰·勒梅奥泰(Alain Le Méhauté)继续着自己对分形对象的理论研究,目的是证明分数阶微分方程对理解异质和(或)复杂介质中的热力学及物理化学动力学的重要意义(外行慎入!)。他和自己的同事、激光专家奥利维耶·德维特(Olivier de Witte)进行的一场讨论，让他们随后提出了3D打印的概念，并尝试用两道激光将液态单体变为固态聚合物。但结果并不尽如人意，最早的物体在形态和硬度上都不如预期。

随后，法国国家科学研究院的研究员、光化学专家让-克洛德·安德烈（Jean-Claude André）加入了进来，并提出了一个极具启发意义的方案：与其雕塑物体，不如采用层层堆叠的方式逐层构造它。显然，这项工程并没有那么容易：为了实施这项结合了计算机、自动控制、光学、力学和光化学等学科知识的计划，三位科学家殚精竭虑，终于开发出了“激光立体光刻”（« stéréolithographie laser »）工艺。1984年7月16日，一项专利申请以法国电力总公司的子公司激光工业公司（Compagnie industrielle des lasers）的名义提交，法国人在最后时刻超过了同样研究这一问题的美国研究者查尔斯·赫尔！不过，这个成功故事并没有持续多久。就在激光工业公司以该技术属于公有领域为由放弃了这项专利时，美国的赫尔已利用此前筹措的足额资金，于1986年创立了日后营业额超过6亿美元的3D Systems公司。让-克洛德·安德烈、阿兰·勒梅奥泰和奥利维耶·德维特的唯一错误，大概就是没能再次发挥他们自己的首创精神……

另见

激光（1960年）

1985年
Windows 1.01操作系统

这款1985年以来使用人数最多的操作系统的诞生，要从十七年前的1968年说起。那一年，西雅图的一些学生家长们组织了一次义卖活动。

操作系统是计算机的核心。一旦开始运行，它会接管启动程序，并通过计算机设备资源处理用户的请求。最早的操作系统"Multics"是美国剑桥市的麻省理工学院在1960年代研发的。它后来更名为"UNIX"，为众多技术工作者提供了科研土壤。操作系统最初仅用于学术、工业和军事领域（不过在美国，这三个领域常常密不可分），但随着1970和1980年代之交微机的发展，它的使用范围也逐渐扩大，尤其是催生了Windows这一市场霸主。

让我们回到1960年代：西雅图湖滨学校的学生家长们组织了一场义卖活动，为孩子们的计算机启蒙课程筹集资金。在这些学生当中，15岁的保罗·艾伦（Paul Allen）和13岁的比尔·盖茨（Bill Gates）尤其痴迷于计算机，几乎每天都坐在电脑前。1968年，通用电气（General Electric）分配给这所学校的上机时间大概有好几年，但仅仅过了几周，这些时间就被用完了！艾伦和盖茨便同理查德·韦兰（Richard Weiland）和肯特·伊文思（Kent Evans）一起，为当地一家"计算机中心公司”(Computer Center Corporation)提供查找程序错误的服务。作为交换,他们可以使用一台36位的PDP–10计算机。这场交易让孩子们受益匪浅,但对那家公司来说却并非如此:它在两年后破产了。在此后的求学生涯中,这几位极客仍然保持着密切的联系。1975年,牵牛星8800(Altair 8800)开售。作为计算机领域一个真正的传奇,这第一台为个人设计的微机也点燃了人们的激情:同年4月,艾伦和盖茨创立了微软公司(Micro-Soft,“微机”和“软件”的缩写,后变为Microsoft)。1976年11月26日,这一商标正式得到注册。

为牵牛星开发的BASIC语言是微软的首场大捷。1980年,他们还和IBM签订了为5150号个人电脑开发PC-DOS操作系统的合同。事实证明,比尔·盖茨是一位老辣的谈判对手:他拒绝给予IBM特许经营这款操作系统的权利——这也让他可以向其他制造商出售MS-DOC版本的操作系统,而且每一次安装都会有35美元汇入他的账户……稳赚!这笔天赐之财也让微软得以投入到新的“视窗操作系统”的研发工作中。1985年11月20日,Windows 1.01操作系统问世。虽然彼时的它更像是图形界面而非操作系统,但它却标志着一场技术和商业创举的开始。

另见

计算机(1936年)

微处理器(1971年)

1989年

万维网

1989年，在美国发明因特网二十年之后，万维网诞生于欧洲核研究组织。

因特网和万维网？人们经常混淆二者，有时候甚至把它们当同义词来用……但它们根本不是同一回事！因特网是一个计算机网络，1960年代末在美国高级研究计划署的牵头下诞生。而万维网虽然同样是一个网络，但却由存储在全世界成千上万个服务器上能够借助超链接实现互连的文件组成。简单地说，一个是物理网络，另一个是信息网络，并且前者是后者的载体。总之，它们虽然联系紧密，但却有天壤之别。

这话不假。因特网诞生于“新世界”（美国），而万维网则诞生于“旧世界”（欧洲），只不过是在二十年之后。1989年3月12日，欧核组织的一位技术人员向自己的上司提交了一份长达数页的计划：《信息管理：一项提案》（« Gestion de l’information: une proposition »）。计划起草人叫蒂姆·伯纳斯-李（Tim Berners-Lee），他想要创造一种可能，方便自己的同事以及全世界的科研人员能够即时交流信息。为此，他提议连接两种工具：当时已为人所知的因特网以及概念可追溯至二战之后的“超文本”。“超文本”这一术语由社会学家泰德·尼尔森(Ted Nelson)在1960年代中期提出,其原理就是要超越文本的线性模式,在其中插入包含有其他信息的链接,从而使读者能够随心所欲地徜徉在这一网络之中——这又是一张网!

在欧核组织,蒂姆·伯纳斯-李的上司麦克·森德尔(Mike Sendall)非常看好这一想法,同意一试,并建议将自己助手的计算机作为第一台服务器。在接下来的几个月,比利时人罗歇·卡约(Roger Cailliau)改进了这一新工具。卡约先是在根特大学研究流体力学,后在密歇根大学学习计算机科学,正是他提出了这一系统的基础:用于文件定位和链接的超文本传输协议(HTTP),以及用于网页创建的超文本标记语言(HTML)。1990年5月,这一计划被命名为"万维网",彰显了其攻占全球的雄心。同年12月20日,第一个网站上线,不过只能由欧核组织的内网进入。万维网在研究员中首战告捷后,欧核组织于1993年4月将这一网络公开到公有领域,获得了有目共睹的成功……

另见

计算机(1936年)

因特网(1969年)

维基百科(2001年)

脸书(2004年)

YouTube(2005年)

第七章　当下……与未来?

新的信息通信技术大放异彩的时代，技术日新月异。从时间上便可以看出：此前，在人类漫长的历史中，需要几十年、几百年甚至几千年才能完成一步跨越；而如今每一年都有新发明诞生。不过，我们也不能过度比较：虽然从发明人类最早的工具到能够使用火经过了200多万年，而从脸书到推特只用了两年，但是这简单的对比可不等于思考！特别是，有些发明看上去似乎更像是“改良”而非“真正的创造”（此处并无任何贬低其成就、原创性及变革性的意思）。我们在本书接下来的部分会看到维基百科这一创举，但它的风采仍不及狄德罗（Diderot）和达朗贝尔在二百五十多年前编纂的大部头《百科全书》。这正是历史的趣味所在：能够将某些新生事物重新放置在人类智慧结晶的大背景之中来考量。

这个始于330万年前的故事是否就要结束了？当然不是。如果说历史教会了我们什么东西，那必然是：没有什么可以阻挡人类的创造力。一些发明已开始在世界各地的研究中心酝酿，另一些也已蛰伏在天才的大脑之中，随时可能变为现实。科学家们宣称将会在或近或远的未来取得决定性的进步，并带来此前只有小说或哲学（当然哲学在描述时会更加保守谨慎）才敢设想的神奇能力，比如隐身术或隐形传送。此外，还会在应对第三个千禧年之初的各项重大挑战方面取得关键进展：不竭能源、从自然当中获取灵感甚至与自然沟通的全新方式……有人甚至已经开始构想能为我们打开永生之门的终极发明。但到那时，我们早已脱离这有涯人生带来的诸多限制，进入了全新意义上的永恒，“发明”还有意义吗？当然也就没有了：没有什么可以阻挡人类的创造力，除了人类自己……

2001年

维基百科

诞生于2001年的维基百科很快取得了全球性的成功，并为百科全书开启了喜忧参半的全新历史篇章。

身为维基百科之父的美国商人吉米·威尔士（Jimmy Wales）和美国哲学家劳伦斯·桑格（Lawrence Sanger），真的算是百科的发明者吗？如果看一看百科全书的漫长历史——它始于古代，拥有数个光辉先例，其中最引人瞩目的就是18世纪狄德罗和达朗贝尔编纂的作品——那么这两位美国人当然不算是发明者。不过，这一计划的原创性及其激发的巨大热情，则让他们跻身三千纪的伟大创新者之列。

故事开始于2000年。Nupédia虽然是一家以新通信工具为依托的公司，但本质上还是非常传统的：在线免费提供由专家编写并经过同行评审的文章。只是，结果却远不尽如人意：六个月的时间只有两篇文章完成了从编写到审核通过的各个步骤！桑格于是建议推出一个名为"维基"（wiki）的应用程序，让所有人能够共同参与网页的创建和修改。这么做的目的是广收素材，对其进行验证并最终将其纳入Nupédia。不料，维基百科在2001年1月15日上线后，瞬间就超越了它的前身：从第一年开始就发布了

20 000多篇英文文章，其他语言版本也在全世界遍地开花——法文版维基百科于2001年5月上线。后来，文章数量开始呈指数级增长：十年内，收集到的各语言文章超过1100万篇，这一数字在2018年更是突破了4 000万大关。在这种情况下，不可能再对每篇文章进行审查，更何况每年都有新的语言加入。以夏延语（le cheyenne）为例：讲这种语言的人仅有蒙大拿州（Montana）和俄克拉荷马州（Oklahoma）的约2 000人，但维基百科上的夏延语文章却有超过600篇……

说到底，在线内容的精确度只由贡献者和用户自己负责。在出现偏差的情况下，用户可以对内容进行修改，但要符合维基百科规定的中立及礼仪原则。然而事实是，这些原则并非总能得到遵守。由于担心出现问题，劳伦斯·桑格自2002年起便开始和这一计划保持距离。此后，维基百科成为了世界上招致批评最多但使用量最大的网站之一……科学研究也无法改变这一矛盾状况：2005年12月，《自然》杂志发表的一篇比较分析文章指出，维基百科平均每篇文章有3.86个错误，而著名的《大英百科全书》（*Encyclopædia Britannica*）只有2.92个。

另见

因特网（1969年）

万维网（1989年）

2004年
脸书

脸书诞生于2004年，在不到十五年的时间里便拥有了超过二十亿用户。这样超乎寻常的成功或许也更加脆弱……

从来没有哪项发明能够在如此短的时间内催生出如此多的文章、书、纪录片以及电影——尤其值得一提的是2010年上映的《社交网络》(*The Social Network*)。必须承认，这是一个好故事(如果它是真事儿的话)：受了情伤的哈佛大学学生马克·扎克伯格(Mark Zuckerberg)，利用黑客手段入侵了学校网站，并创立了名为“Facemash”的网站供同学们根据照片对女生进行评分。后来，差点被学校开除的他于2004年2月4日创建了信息分享网站“Thefacebook”，网站很快向哥伦比亚、斯坦福、耶鲁等其他名校的学生开放。后来，扎克伯格将公司总部设在加利福尼亚州帕洛阿尔托市，并开启了全球征战之旅！

公司随后的发展就是一个成功故事。脸书(在2005年购买域名时去掉了原先名称中的定冠词，变为“Facebook”)的营业额一路攀升：从2004年的38万美元到2005年的900万美元，从2006年的4 800万美元到2007年的1.53亿美元，再到2008年迎来第一亿位注册用户时的2.72亿美元。2017年，脸书用户超过20亿，营业额达

400亿美元，获利超过150亿美元……这样的表现已经不俗，但实际上仍然有进步空间：既然超过四分之一的全球人口已使用脸书，那么剩下的四分之三也完全有可能在不远的将来前去注册……

能够取得如此惊人的成功，既与这一网络的初衷密不可分，又得益于对其进行的多次改进。虽然只过了十五年左右，但现在再去看最早的个人主页，我们会感觉回到了古代：一张照片、类似于身份证上内容的个人信息、兴趣爱好或恋爱关系，以及当时就有的著名“留言墙”。在所有的改进中，除了每年新增的应用外，最值得一提的就是“赞”按钮的加入。这个简便又精妙的功能是贾斯汀·罗森斯坦（Justin Rosenstein）在2009年研发的。

此后，这位程序员选择与脸书划清界线（正如后来的很多人一样），因为他认识到自己协助塑造了一头甚至连各位创始人都无法掌控的野兽……虽然脸书并未直接从那次越界行为中获利，但也涉嫌误用个人数据和操控信息。伴随着越来越多的争议事件，加之马克·扎克伯格经常不为人所信服的解释，脸书开始暴露出软肋：过速发展让它成为了一个泥足巨人，恐会为它招致更多的嘘声！

另见

因特网（1969年）

万维网（1989年）

YouTube（2005年）

2005年
YouTube

YouTube上发布的第一支视频可追溯至2005年4月23日，只有18秒。后来，每分钟就有70万小时的视频被人观看！

这支影片长18秒。视频中，一位年轻男子站在圣迭戈（San Diego）动物园大象区的围栏前说道："大象有意思的地方在于，它们有很长很长很长的鼻子，这太酷了。"可以说没什么特别。但当我们把目光聚焦在视频下方的日期"2005年4月23日"时就不一样了：这就是第一支发布到YouTube的视频《我在动物园》（« Me at the zoo »）。这些以高智商闻名的温和食草动物似乎并不知道，历史正在它们面前写就！

这段不朽视频的作者不是别人，正是YouTube的创始人之一贾韦德·卡里姆（Jawed Karim）。当时，他刚刚和查德·赫尔利（Chad Hurley）以及陈士骏（Steve Chen）一起离开Paypal公司准备自立门户。他们的初衷是建立一个交友网站，让人们能够用视频的方式进行自我展示并等待与自己心有灵犀之人的主动联系。但网站却超出了创立者的可控范围：发布的视频内容五花八门，甚至常常乱七八糟。然而，一些企业却嗅到了YouTube的潜力：一段由足球运动员罗纳尔迪尼奥

（Ronaldinho）出演的耐克（Nike）广告成为第一支观看量突破百万大关的视频。这也驳斥了一些批评的声音：此前有人质疑YouTube的模式，认为它的收入根本不可能平衡其人事（60多名员工）特别是通频带方面的运营成本。2006年10月，YouTube上线仅一年多以后，便被谷歌以16亿美元的价格收购。这回，诋毁者也彻底沉默了……

从那以后，YouTube 给出了一系列变动频繁、令人晕眩的数字。如今，每分钟有超过400小时的视频发布至YouTube，每天有超过10亿小时的内容被人观看——也就是说，每天在全世界的计算机、平板电脑和手机屏幕上流淌的时间为115 000年！像Cyprien、Norman和Squeezie这三位法国人一样的潮流视频博主，还获得了前所未有的名声，他们每人都有超过1 000万的订阅量。但这样的成功背后，也有不为人知的幽暗一面。有一些事件或许还能引人发笑，例如发生在2018年4月的黑客攻击《Despacito》音乐录影带事件：这支发布于2017年1月12日的史上最火视频在短时间内播放量就超过了50亿次！然而另一些事件则让人笑不出来，这当然是指包含可疑内容的视频这一棘手问题：同样在2018年4月，一位年轻女子因认为自己遭到YouTube网站的封杀而进入该公司位于加利福尼亚州圣布鲁诺（San Bruno）的总部，用一把9毫米口径的手枪向工作人员开火后自杀。

另见

因特网（1969年）

万维网（1989年）

2006年

推特

“随时发现世界上正在发生的新鲜事”：这就是2006年3月诞生于旧金山的社交网络“推特”的宏愿。

正如计算机之后是微机，博客之后也是微博。近年这一领域风头最劲、遥遥领先的就是推特。它的标志世界闻名：一只蓝色小鸟——“推文”（le « tweet »）这个词最初是指小鸟的啁啾叫声，后来才成为尽人皆知的包含百十来字（2017年11月前为140个字，此后为280个字）的消息。在推特上，人们的知名度以其关注者数量为评判标准：2018年6月，歌手凯蒂·佩里（Katy Perry）的关注者有近1.1亿，紧追其后的是贾斯汀·比伯（Justin Bieber）。一些政客甚至把推特视作一种特殊的宣传方式，比如美国前总统巴拉克·奥巴马（Barack Obama）；也有人将其作为一种统治方式，如奥巴马的继任者唐纳德·特朗普（Donald Trump），他那不合时宜的推文时而让人发笑，时而震惊世界……

推特的起源像是一个俄罗斯套娃：2006年，这家创业公司诞生于另一家创业公司内部——这在新技术领域并不罕见。这另一家创业公司，就是比推特早一年建立的主要面向播客市场的Odeo公司。这是一个竞争激烈的市场，由苹果公司的iTunes

领跑。于是，杰克·多尔西(Jack Dorsey)、诺亚·格拉斯(Noah Glass)、克里斯托弗·斯通(Christopher Stone)和埃文·威廉姆斯(Evan Williams)等几位三十多岁的雇员萌生了开发新服务的念头。最终，他们想出了妙计：建立一个社交网络，让用户能够随时随地简明扼要地告知朋友们自己正在做的事情……就是说：起因、经过和结果！然而，2006年3月21日发出的第一条推文似乎更像是一条没头没尾的消息。杰克·多尔西发文，"正在安装我的twttr"，这最后五个让人不知如何发音的字母就是该社交网络的乳名。一年后，它才最终变成"推特"。

一群狂热的极客，一个温和的标志(2012年选定了鸟作为标志)，一句与世无争的口号("随时发现世界上正在发生的新鲜事")以及教皇的祝福(教皇@Pontifex_fr的第一条推文是由本笃十六世在2012年12月12日发布的)……推特构建了一个天堂般的空间，至少表面看来确实如此。而在该公司内部，则另有隐情：《纽约时报》记者尼克·比尔顿(Nick Bilton)2014年公布的一份详细调查显示，这一社交网络的成功故事背后，充满了大量的权力斗争、财务冲突以及背叛——原本想要拉近人与人之间距离的四位创始人，很快便分道扬镳。

另见

因特网(1969年)

微处理器（1971年）

万维网（1989年）

脸书（2004年）

未来

喷雾衣服

喷雾衣服到底属于当下还是未来？其实，它已经存在，只是尚未开始商业化。大家肯定想知道原因！

如果说在未来衣服可能会消失，您相信吗？不过不用担心，不是说我们会如最早的人类一样赤身裸体，这里要说的可是一种新型衣服。它的发明者名叫马内尔·托雷斯（Manel Torres），是一位博学多才（抑或相反？）的设计师，曾在皇家艺术学院（Royal College of Art）求学，并于2001年在伦敦的帝国理工学院（Imperial College）获得博士学位，师从物理化学教授保罗·勒克姆（Paul Luckham）。2003年，托雷斯博士在这座久负盛名的英伦学府内成立了Fabrican有限公司。几年后，公司入驻伦敦生物科学创新中心——这恰恰证明这位研究者的想法也没那么疯狂。不过，他的想法到底是什么呢？多年来，Fabrican公司一直都在开发一种由溶剂和自然或合成纤维（羊毛、马海毛、棉、纤维素甚至碳纳米纤维）构成的产品。借由喷雾器将这些材料直接喷在皮肤上后，溶剂会蒸发掉，而纤维则会交织在一起固定下来，最终形成一件真正的衣服……

对于这一发明，大家肯定会有很多疑问。首先，会不会有危险？不会，因为使用的是无毒溶剂。但是，真的方便吗？方便，因为一旦干燥后，衣服就不再贴身，可以自由脱下，就像每天穿的T恤一样。其实，这种衣服甚至还可以清洗，或者回到喷雾器中再获新生。我们可以畅想一下：再也不用因为需要在商店选尺码而焦虑或内疚了，清晨再也不用因为前一天晚上没有熨裙子或衬衫而抓狂了，再也不会出现衣服不配套的情况了——这种产品会提供各种颜色……一些常用语可能也要退出历史舞台了：比如不会再说“我穿个衣服就来”，而会说“我喷个衣服……”。从Fabrican公司其他方面的宣传来看，语言习惯上的改变简直不值一提：美学方面，喷雾可以帮助修补袜子上的洞；保暖方面，如果天气寒冷，只需喷上更加厚实的羊毛层即可；尤其值得一提是环保方面，在家中直接制衣，减少了海运或空运集装箱的数量，因此能够大大减少碳足迹。

此外，Fabrican并不打算仅局限在制衣领域：家纺市场前景光明；也可用于制造绷带等卫生材料；或进军化妆品市场，因为完全可以把香水和这种方法结合起来；甚至连性保健行业都能从中获利：一个贴合皮肤、可以随时随地喷制而成的产品，这不就是安全套吗！

另见

衣服（19万年前）

约瑟夫-玛丽·雅卡尔（1752—1834年）

轧棉机（1793年）

未来
生体模仿学

模仿生物已不是什么新点子了，但生体模仿学却有望为下一次工业和创意革命奠定基础。

未来，生体模仿学无疑将是一片孕育无数发明的沃土。有些发明业已诞生，而另一些则尚未被构想出来：大自然母亲远远没有向我们吐露她全部的秘密！

为什么说它注定会取得成功？因为生物多样性确实一直都在启发着人类。只要稍稍回顾一下便知：达芬奇构想的飞行器有着和鸟儿一样的羽翼；沃康松设计的自动装置“消化鸭”（le « canard digérateur »）；以及离我们更近一些的维可牢搭扣，也借鉴了牛蒡这种植物身上使其能够附着在衣服上的小钩。这一充满无数可能性的领域有时也被称为“生物启发（la « bio-inspiration »）”，并自21世纪初起经历了前所未有的发展。

生体模仿学不再仅指对各类生物进行模仿从而以传统工业生产出的材料（通常为石油衍生物）为基础发明机器，而是将扩展至对整个生态系统运转方式的模仿，例如“智慧城市”概念的提出。未来的发明者们也将遵循自然的生产方式（可回收、可降解、可循环、无污染）带来更加精彩的发现。总之，只有不仅视生物多样性为原料，而且视之为真正的盟友，并将其置于发明设计过程的核心位置，才能够开辟新的道路。

我们应比以往任何时候都更尊重这位盟友，最正当的理由莫过于它的内在价值以及它在即将到来的第六次物种大灭绝中面临的风险。此外，还有另一个原因（非常实际，但能拯救我们）：它的经济价值。这也是时任法国生态、可持续发展和能源部部长塞戈莱娜·罗亚尔（Ségolène Royal）在国民议会介绍这部"生物多样性法案"时所谈到的内容，该法案最终于2016年生效。

未来将有哪些应用来印证我们的猜测？实在数不胜数。以生体模仿学为基础的发明将主要涉及机器人技术、化学、材料、通信及结构等几大领域。总之，如果我们能够做到保护自然，自然便会针对我们提出的每一个问题给出解决方案。这一点尤其值得当下与未来的发明者们深思，因为他们将是身处第一线的大自然捍卫者。

另见

莱奥纳尔多·达芬奇（1452—1519年）

机器人（1921年）

未来

隐身术

曾在很长一段时间内只存在于想象或虚构之中的隐身术，可能很快就会出现在我们身边。

从赫伯特·乔治·威尔斯1897年的《隐形人》(*L'homme invisible*)到整整一百年后《哈利波特与魔法石》(*Harry Potter à l'école des sorciers*)中主人公的隐身斗篷，我们可能会想当然地认为，隐身是当代世界独有的执念。其实不然，古代作家早就考虑过这一问题：柏拉图在《理想国》(*La République*)中就曾提及，牧羊人古各斯(Gygès)在发现了能让自己拥有隐身能力的金戒指后，就利用这一点杀掉了吕底亚国王，夺取了王位。柏拉图告诉我们，有了隐身术，“可以想象，没有一个人能够坚定不移，继续做正义的事”……

然而，这样的警告却并未让研究者们停止对隐身可能性的研究。2006年，伦敦帝国理工学院的物理学家约翰·彭德利(John Pendry)宣布，霍格沃茨魔法学校学生们的隐身衣完全有可能成为现实。此言一出，立刻引发了科学界和媒体的热议。作为此壮举之依据的变换光学，是一种全新且业经证实的方法，已用于光纤等设备的制造。它的原理是利用空间变形来改变光线的路径……所以，光线会绕过某个物体，从而使该物体从我们眼中消失！

一时间，科学界像被施了魔法一般，迅速投入到相关研究之中。在马赛的菲涅耳研究所（Institut Fresnel）等数个高精尖实验室中，研究人员进行了艰深的数学运算和大量的数字模拟。但是，要将这一理论变为制造隐身斗篷的实践仍然十分复杂，因为所需的材料根本不存在！不过这并不是说这种材料永远不会存在，相反，具备出色电磁特性（专家称之为“超材料”）的创新材料的开发，正是最有前景的科学研究领域之一。最近，美国研究者们还制造出了一款边长为四十多微米的地毯，在红色光线下可以帮助一些纳米级别的超小物体隐形。按理说，让人眼原本就看不到的物体成功隐形是荒唐可笑的，但这只是人类迈出的第一步，日后必将取得更大进展。

这项研究事关重大，远远不只停留在好奇心和魔法的层面。适用于光线的原理，也同样适用于包括地震波在内的其他波。如果这种隐身斗篷同时还能让人不受地震侵扰，那么大家肯定会对它的问世翘首以盼。但是，千万不能把柏拉图关于隐身术的使用警告当耳旁风！

另见

隐形传送（未来）

未来

动物语言翻译

将动物语言翻译为人类语言不再是个玩笑，现已基本进入科学研究阶段，预计会在2027年有所进展。

谁不希望有一天能懂得动物的语言，可以和自己的狗、猫或金丝雀无障碍沟通？但对于金鱼来说却完全是另一回事。2010年，谷歌找到了解决办法：能够将喵喵声、汪汪声、哼哼声、咩咩声和叽喳声翻译成人类语言的自动翻译器。谷歌公司甚至还发布了一段演示视频。视频中，一位开发人员正在向一位农场主介绍这一装置。当听到一头猪对刚刚吃下的饲料的评价时，这位农场主惊呆了……这太神了！不过，对于注意到这段视频上传时间的人而言，事实可能并非如此：那天是四月一日愚人节，这是场恶作剧！

但有一点可以肯定：新技术的发展势不可挡。2017年7月，亚马逊公司推出的一项计划有望让这一玩笑变为现实。这家总部位于西雅图的商业巨头宣布，已开始开发一款“宠物语言翻译器”，甚至已委托专业人士进行相关研究。其中一位行为未来学家（英文为behavioural futurist，法文中尚不存在这种表达）威尔·海厄姆（Will Higham）承诺在2027年会取得成果。在他的网站上，这位知名专家自称业界最受尊重的学者之一，但从事这一职业的人又有多少呢？海厄姆的信心源自北亚利桑那大学生物学教授康斯坦丁·斯洛博奇科夫（Constantine Slobodchikoff）的科研成果。经过三十多年的研究，这位教授最终破译了草原土拨鼠复杂的交流机制。他认为，这些小型啮齿动物会用不同的语言表达自己面对的不同威胁：空中有只猛禽、地上有只郊狼、那儿有个开着车全速前进的傻瓜……

不过，学术界仍对这位已在未来市场方面“为数千名商业领袖提供咨询”（同样是他网站上的内容）的威尔·海厄姆的预测持怀疑态度。有了这样一位中间人，亚马逊公司怎会不想在利润空间已经很大的宠物市场创造新的需求？您说对吗？就算这一发明有幸在十年、五十年甚至一百年后问世，它也不可能破译动物们极为复杂的肢体语言。反思一下我们对动物所做的一切，以及我们正在让它们承受的一切（一些更为严肃的研究者会提到正在发生的“第六次物种大灭绝”），我们真的还想知道它们要对我们说的话吗？

另见

生体模仿学（未来）

未来

隐形传送

让物体从一处转移到另一处而不借助任何中转？这早已出现在科幻作品之中。如今，科学正努力将其变为现实……

在成为科学事实前，隐形传送早已诞生在科幻作品之中。除了出现在一些传世之作中——如库尔特·诺伊曼（Kurt Neumann）1958年的电影《变蝇人》（*La Mouche*）及1986年大卫·克罗嫩贝格（David Cronenberg）导演的重拍，隐形传送还尤其作为《星际迷航》（*Star Trek*）的标志。在这部大获成功的电视剧中，万众期待的“瞬移”（« Transporter »）是每一集的关键。细心的观众甚至从第四季第十集“代达罗斯”（« Daedalus »）中一掠而过的隐情得知，“瞬移”的发明者是22世纪的一位科学家埃默里·埃里克森（Emory Erickson）博士……

“在成为科学事实前”？是这么说没错，但我们的措辞也需要更加谨慎，原因在于，实验室还远远不能将寇克（Kirk）舰长、斯波克（Spock）先生或任何一个日常生活中的物品隐形传送至敌对星球。当然，或许这永远也无法实现。因为这涉及的可是“量子隐形传态”：处于纠缠态的两个光子最终会呈现出同一个粒子的状态，即便它们相隔甚远——这一距离在2000年代末仅为1米，但2017年中国科学家团队以1 203千米创造了新纪录！现实中的两位科学家，阿尔伯特·爱因斯坦和埃尔温·薛定谔（Erwin Schrödinger），或许能够扮演埃里克森博士的角色，因为他们在1935年都对这一问题进行过探索。"爱因斯坦-波多尔斯基-罗森（EPR，Einstein-Podolsky-Rosen）佯谬"和著名的"薛定谔的猫"都指出了量子力学中的明显悖论。更不用说本来就是个谜的量子态叠加和谜中之谜的量子纠缠了！什么是量子纠缠呢？让我们试着想象一下：两个人分别在地球两端掷硬币，当其中一个人观察到自己所掷硬币的状态时，另一个人手中硬币的状态也会同时自动被决定……每一次抛掷，两枚硬币总会以同样的方式同一面朝上。

但是话说回来，研究人员们搞科研可不是为了玩儿硬币这类东西。我们一般老百姓肯定会问，那他们是为了什么？首要原因是知识之美，而且这一条便足以说明一切。这还不够吗？其实隐形传送，或更准确地说量子纠缠还蕴含着巨大的应用潜力：既然信息可以在相隔数光年的两个光子之间实现瞬时传送，那么人类能否在未来制造出性能卓越的量子计算机？当然了，我们现在还差得远！

另见

计算机（1936年）

未来

核聚变

核聚变已在宇宙中存在了130多亿年。如今，人类或许能在某一天实现对它的控制……

起初，人们于1938年在德国发现了核裂变：在中子的作用下，铀原子核一分为二，并释放出巨大的能量。这是两次大战期间研究浪潮的一部分。也正是在此期间，法国的弗雷德里克·约里奥-居里团队发现了“链式反应”：核裂变释放出的两到三个中子会再次撞击铀核……这就是第一座核反应堆的原理。

虽然核聚变的理论基础也在同一时期提出，但有关核聚变的研究工作却是后来才开始的。1920年，英国天体物理学家亚瑟·爱丁顿（Arthur Eddington）提出了一个假设，认为是从氢变为氦的核反应形成了恒星。此后，1934年，欧内斯特·卢瑟福（Ernest Rutherford）进行了一次重要实验，实现了从氘（氘是组成“重水”的氢同位素）到氦的聚变反应。最后，1939年，汉斯·贝特（Hans Bethe）提出了使四个氢核变为一个氦核的“质子-质子”链反应理论，解释了恒星的能量来源问题。这位生于阿尔萨斯的科学家也因此获得了1967年诺贝尔物理学奖。我们甚至可以说，核聚变真正的发明者是大自然本身。早在宇宙大爆炸后的一亿年，大自然就创造了核聚变。这比人类甚至地球的出现都还要早！

因此，在二战结束之后，人们致力于复制这一现象。英国于1946年开启了相关研究，美国紧随其后。1950年，美国人莱曼·斯皮策（Lyman Spitzer）发明了一种名为“仿星器”（« stellarator »）的装置，但它很快被著名科学家安德烈·萨哈罗夫（Andreï Sakharov）等苏联科学家发明的“托卡马克”（« tokamak »）所取代。不过，虽然拥有这些不断改进、愈发完善的工具，但核聚变发电在现阶段仍然只是一种可能而已……此外，欧盟、中国、印度、日本、韩国、俄罗斯和美国于1985年启动了备受热议的国际热核聚变实验堆（ITER，International Thermonuclear Experimental Reactor）计划，但这项计划预计要在2040年甚至更久以后才能完成！如果认为耗时过长，不妨读读下面这段弗雷德里克·约里奥-居里1957年发表于《中殿》（*La Nef*）杂志上的文字：“科学家如同建造大教堂的工人和艺术家。他们参与的这一伟大事业有时需要几代人的努力工作，但这并不会浇灭他们的热忱和爱，虽然他们可能等不到完工的那一天……”

另见

核（1942年）

未来

长生不死

永生很可能成为让整座人类发明大厦锦上添花的终极发明。但人类难道不是已经把它发明出来了吗?

未来,人类会长生不死吗?显然,因为一些自然阻碍,我们永远不可能获得永生。在这一点上,医生们的观点非常一致。然而也有例外情况:虽然120岁已是几乎不可逾越的一道关,但法国人让娜·卡尔芒(Jeanne Calment)还是活了122岁零164天。不过,随着这一问题逐渐从生命科学领域转移到技术领域,长生不死也从一项几乎不可能的生物探索演变成了一项有望实现的发明……当然,这只是一些人的想法,他们相信技术进步能够为我们实现这一切:越来越先进的假肢,放入人类身体中抵御疾病和衰老影响的纳米机器人,还有人机完全融合——将人类的精神和记忆传输至超级处理器和硬盘上……这项宏大计划的目的是在未来创造一种全新的人,即人类2.0。这是超人主义信徒们长久以来的愿望。

然而,这场探索之旅已不乏先行者。早在撰写于4 000年前的人类最古老的文学作品《吉尔伽美什史诗》(l'*Epopée de Gilgamesh*)中,永生就已是核心问题。但是,身为君王的吉尔伽美什无论如何努力，都始终无法战胜死亡。因为永生在那时还是如此遥不可及。后来，在离我们更近一些的时代，几大一神教都有处理与彼世关系的方式。对于犹太教徒而言总是存在很大的争议，因为确实有些复杂。但对于基督徒和穆斯林来说，永生则发生在现世的死亡之后，并且会因为我们在世时的行为和敬虔程度之不同而有升入天堂和打入地狱之分。对于这两种情况而言，神启的永生都是属灵世界的真理，这是无可辩驳的。因此可以说，永生早在超人主义者那疯狂的想法之前就已广为接受并且得到证实！当然，从来没有人能够用科学证据证明永生的存在，但也没有人能证明它不存在……

无论怎么说，为这一发明作出最大贡献的人或许是希腊人。在他们看来，只有做出过英勇壮举的人、触及到思想中不朽之物的哲学家以及建立过丰功伟业的人，才能获得永生。从这个角度来看，与其说永生是最终目的，不如说它是自最早的工具诞生以来所有人类伟大创造的精髓之所在：在永生这一发明之上，是发明的永生……

另见

机器人（1921年）
生体模仿学（未来）